리와일딩
선언

리와일딩 선언

자유로운 야생으로의 초대

김산하

사이언스 북스
SCIENCE BOOKS

추천의 말

리와일딩을 한국에 처음으로 소개하는 종합 안내서

야생의 세계는 그 자체로도 멋지지만, 정교한 생명의 그물망을 보존하는 데에도 절대적으로 필요하다. 리와일딩은 지구의 큰 부분을 자연의 재생을 위해 할애하는 것으로서, 이를 통해 지역의 생물 다양성이 돌아오도록, 멸종 위기종들이 위협으로부터 구출되도록 하는 일이다. 자연의 아름다움은 우리의 정신적, 육체적 건강에 이롭다는 것이 증명된 지금 더욱 중요한 사안이다. 리와일딩을 한국에 처음 소개한 종합적 안내서 『리와일딩 선언』이 더 풍성하고, 더 신나고, 더 야생적인 미래로 독자를 이끄리라 기대한다.

— 제인 구달(박사, 영국 왕실 수여 기사 작위(DBE),
제인 구달 연구소 설립자, UN 평화의 대사)

호모 사피엔스의 오만을 버리고 겸허한 호모 심비우스로

지구의 온전한 야생은 이제 약 3퍼센트밖에 남지 않았답니다. 벼랑 끝에 내몰린 인류는 급기야 야생의 귀환을 부르짖기 시작했습니다. 많이 늦었지만 반가운 일입니다. 리와일딩은 야생이 어떤 모습이어야 하는지에 대해 인간이 결정하지 않는 것을 추구합니다. 그러나 인간이 참여조차 하지 않는다는 뜻은 아닙니다. 인간도 자연의 일부로서 기꺼이 참여해야 합니다. 다만 호모 사피엔스의 오만을 버리고 겸허한 호모 심비우스로 참여하기를 기대합니다.

저자가 대표로서 이끄는 생명다양성재단은 국내에 리와일딩 철학을 소개하고 "야생의 재시작", "야생 신탁" 등 활발한 사업을 펼치고 있는 단체입니다. 이 책을 읽고 리와일딩 선언에 공감한다면 생명다양성재단에 동참하고 이웃에도 널리 알려주시기 바랍니다. 모두가 힘을 모으면 자연도 스스로 되돌아올 겁니다.

— 최재천(이화 여자 대학교 에코 과학부 명예 교수,

생명다양성재단 이사장)

우리가 살아 있는 동안 일어날 가장 획기적인 변화, 리와일딩

리와일딩은 우리가 살아 있는 동안에 일어날 수 있는 가장 획기적인 변화일지도 모른다. 『리와일딩 선언』은 리와일딩의 정의와 멀고 가까운 곳의 사례들, 치열히 이어지고 있는 논의들, 학술적 궁구와 생생한 현장 경험들, 성공과 실패와 그다음의 전망까지 전부 담고 있다.

리와일딩의 핵심 개념 중 하나가 대형 포식자를 다시 불러오는 것일 때, 얼마나 어렵고 복잡한 문제들을 돌파해야 할까? 이를테면 호랑이를 캐릭터로 사랑하는 것과, 호랑이와 함께 살아가는 것은 완전히 다른 일일 테다. 저자는 단순하고 일방적인 동의를 얻기 위해 이 책을 쓰지 않았다. 자유롭고 유연하게 우거지는 자연처럼, 촘촘히 직조된 산문 위로 각자가 지닌 여러 방향의 의견들이 겹을 이루며 드리워질 것이다. 부디 리와일딩에 관심을 쏟는 이들이 늘어 경제 대국이자 문화 강국이 된 한국이 리와일딩이라는 거세고 첨예한 움직임에도 신선한 기여를 할 수 있길 꿈꿔 본다.

— 정세랑 (작가)

나를 숨쉬게 하는 작은 숲

도시 숲을 거닐다가 문득 깨달았습니다. 너무 오래, 야생을 잊고 살아왔다는 것을. 빌딩과 도로 사이의 작은 숲조차 나를 숨쉬게 하고, 본래의 생명을 기억하게 해 줍니다. 벼랑 끝에서 겨우 연명하고 있는 오늘날의 야생은 멀리 떨어진 것이 아니라, 우리 삶 속에 이미 스며 있습니다. 자연은 본래의 뜻에 따라 생성하고 나타나고 사라지는 순환 속에서 살아왔습니다. 그러나 인간이 만든 경계와 영역은 그 순환을 끊어 놓았습니다. 이제는 영역을 지키는 방식이 아니라, 함께 살아가는 법을 배워야 합니다. 늑대와 엘크, 사시나무 숲 사이를 자유롭게 돌아다니는 동물들……. 그들의 존재는 우리에게 공존의 가능성을 여전히 속삭입니다. '지구적으로 생각하고 지역적으로 행동하라.'

  작은 행동 하나가 거대한 변화를 만든다는 사실을, 저는 비건으로 살아가며 체감해 왔습니다. 그 깨달음을 나누고, 우리가 어떤 삶을 선택할 수 있는지 이 책은 보여 줍니다. 도시 숲에서 깨어난 제 자각처럼, 잊고 지낸 야생과 다시 연결되길 바랍니다.

— 임세미(배우)

차례

추천의 말 5

1장 리와일딩 선언 11

2장 야생에 관하여 21

3장 인류가 다시 야생을 찾다 41

4장 리와일딩이란 무엇인가 63

5장 궁극의 야생 동물 늑대 83

6장 제방 뒤의 세렝게티 107

7장 핵심종의 귀환 127

8장 리와일딩의 현장 포르투갈 코아 계곡 151

9장 DMZ와 한국의 야생 173

10장 야생의 십계명 191

참고 문헌 208

찾아보기 234

1장
리와일딩 선언

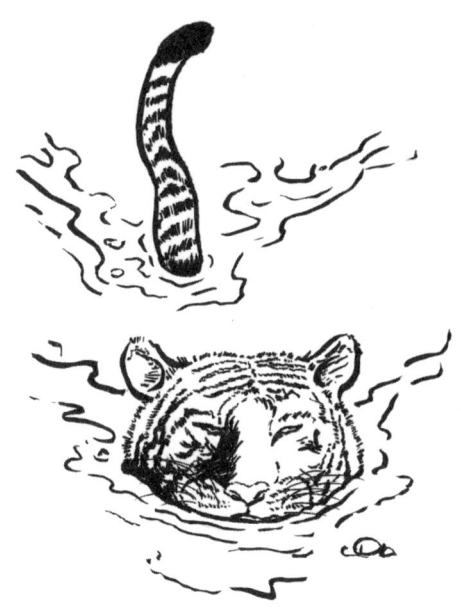

호랑이와 같은 궁극의 야생 동물도 되찾으려 하는
움직임이 바로 리와일딩이다.

"오늘, 야생 동물을 본 사람이 있나요?"

강연을 시작하며 이따금 청중에 던지는 질문이다. 대부분 아무도 손을 들지 않는다. 그러다가 어디선가 한 명이 조심스레 손가락만 까딱거린다. 뭔가 보긴 했지만 질문의 대상에 해당하는지 확신이 서지 않기 때문이다. 집에서 나오다가 새 한 마리를 보긴 봤는데……. 동네에서 마주친 이런 흔하디흔한 생물도 정말 야생 동물이란 말인가? 물론 같은 동네라 하더라도 야산에서 뛰쳐나온 멧돼지였다면 이야기가 달랐겠지만 말이다.

대체 야생이 무엇이기에, 생각하게 만드는 대목이다. 다른 많은 용어가 그렇듯 아마도 명확하게 정의하기란 쉽지 않을 것이다. 따지고 보면 결국 인간의 인식과 분별이 낳은 하나의 개념에 불과하지 않은가? 반드시 물 샐 틈 없는 개념적 정리가 완수되어야만 이야기를 풀어 나갈 수 있는 것은 아니다. 그보다는 그 말이 가리키는 속성들, 우리의 마음과 세상에 불러일으키는 효과, 그리고 꿈꾸게 만드는 세상에 집중하면 더 생산적일 것이다. 왜냐하면 야생에는 바로 그런 정도의 중요성과 힘과 마법이 깃들어 있기 때문이다.

야생! 야생이란 이름이 붙는 순간 어떤 약동하는 생명력이, 길들일 수 없는 자유로움이, 예측불허의 주체성이 느껴진다. 함부로 재단하거나 제어할 수 없는 몸과 마음의 떨림과 전율이 감지된다. 당장 눈앞에 없더라도 어딘가 있다는 사실만으로도 묵직한 존재감이 감돈다. 같은 생명이라도 뭔가 더 생명답다. 아니, 야생이어야 생명의 본질과 더 가까운 것만 같다. 비바람과 눈보라 속에서도 꿋꿋하고 씩씩한 기개. 이것이 바로 야생의 심상이다.

자연 중에서도 가장 자연다운 자연. 어쩌면 이것이 가장 일반적으로 통용되는 야생의 의미인지도 모른다. 한 문장에 자연이 세 번이나 등장할 정도인 걸 보면 뭔가가 매우 강조되고 있다는 사실만큼은 틀림없다. 또한 자연이라도 다 같지 않다는 전제가 함의되어 있기도 하다. 이를 이해하는 건 하나도 어렵지 않다. 창가에 놓인 화분, 발치에 앉은 강아지, 냉장고 안의 식품, 아무리 봐도 야생과는 거리가 있어 보인다. 물론 냉장고에 유별난 내용물을 챙겨 두는 사람이 아니라면 말이다. 그리고 또 한 가지가 있다. 우리와의 관련성이 야생을 가늠하는 데 매우 중요한 기준으로 작용한다는 점이다. 인간이 생각하는 야생은 인간을 떠나서는 이야기할 수 없다. 야생을 야생이라 부르는 것도 결국 인간이다.

우리는 아주 옛날부터 지금까지 야생의 자연에 심취했다. 단 한 번도 그 치명적인 매력을 잊은 적이 없다. 깊은 굴의 칠흑 같은 어둠 속을 기어 들어가 횃불을 밝히며 기어코 암벽에 그려 놓았던 선사 시대부터, 상당수가 멸종한 이후에도 특히 창작과 유희 문화에 여전히 대거 동원하는 현대에 이르기까지 인류는 야생에 집중하고 현혹되고 탐닉해 왔다. 국가의 상징적인 생물, 주요 스포츠의 팀 마스코트, 수많은 브랜드와 아이콘에도 야생의 자연은 이미 오래된 단골손님이면서 또 끊임없이 새로 등장한다. 영화에도 게임에도 축제에도 술병에도 야생의 자연은 모습을 드러낸다. 어쩌면 원래 있어야 할 실제 자연만 제외한 모든 영역에서 야생은 더욱 번성하고 있는지도 모른다. 야생을 소비하면 할수록 실제 야생의 입지는 줄어들고 있는 반비례 관계 속에서 야생 생물에 대한 기이한 사랑은 지속된다.

야생에 대한 우리의 이중적 태도를 비꼬기 위해 사용한, 기이하다는 표현조차 사실은 너무 약하다. 상황이 얼마나 심각한지를 감안하면 그에 합당한 단어를 선택하기가 어려운 게 훨씬 실상에 가깝다. 차고 넘쳐나는 수많은 연구 중 몇 가지만 들여다봐도 그림은 명확하게 드러난다. 인간 활동의 직접적 영향으로 변형되어 더는 '야생의 공간'이라 불릴 수 없는 곳이 지구 육상 면적의 77퍼센트, 해상의 83퍼센트에 육박한다.[1] 공간의 차원에서 실제 동식물의 수준으로 들어가 보면 생태계가 건강하고 온전한 상태로 갖춰져 있다고 볼 수 있는 곳은 고작 3퍼센트로 추산된다.[2] 사람들이 그나마 가장 공감하는 분류군인 포유류와 조류의 예를 보면 실태가 더 충격적으로 와닿는다. 전 세계 포유류의 36퍼센트가 인간, 60퍼센트가 가축이고 오직 4퍼센트만이 야생 포유류이며, 조류 전체의 70퍼센트가 사육되는 가금류이고 나머지 30퍼센트만이 야생 조류다.[3] 게다가 이 엄청난 상실은 대부분 지금을 살아가는 우리의 당대에 일어났고 지금도 왕성한 현재 진행형이다. 대표적인 국제 환경 단체 세계 자연 기금(World Wide Fund for Nature, WWF)이 격년으로 발간하는 지구 생명 보고서 《리빙 플래닛 리포트(Living Planet Report)》*에 따르면 1970년부터 2018년까지 야생 동물 개체군의 약 70퍼센트가 자취를 감췄다.[4] 말 그대로 벼랑 끝에 매달린 채 겨우 연명하고 있는 것이 오늘날의 야생이다.

우리나라라고 해서 상황은 크게 다르지 않다. 환경부가 공식적으로 지정하고 관리하는 멸종 위기 야생 생물만 이제 거의 300종에 달하고 있지만 그마저도 기초 자료가 턱없이 부족한 상황에서 파악하고 있는 최소한의 목록이라 봐야 한다.[5] 이미 호랑이, 표범, 늑대, 스라소니 등 대형 포식자는 다 사라진 지 오래라 현대 한국인은 무엇을 잃었는지에 대한 감이 없다. 1970~1980년대 이후 아예 사라진 크낙새나 소똥구리에서부터, 한때 도시에도 많았지만 이젠 부쩍 보기 힘들어진 땅강아지나 하늘소 등에 이르기까지, 야생 생물에 대한 우리의 기준과 감수성은 급속히 후퇴하고 있다. 일례로 우체국의 상징인 제비는 과거에 흔한 새였지만 지난 18년 동안 개체군이 무려 100분의 1 수준으로 급락했다.[6] 하지만 이를 눈치채고 우편 업무를 보

---

* 지구의 생물 다양성과 건강 상태를 종합적으로 판단하는 보고서로 자연 보전 분야에서 자주 인용된다.

는 시민은 없다. 오히려 실제 상황과 정반대되는 인식은 쉽게 발견된다. 가령 아프리카돼지열병의 누명을 쓴 멧돼지는 지난 3년간 전체 개체군의 절반 이상인 무려 27만 마리가 사살되었다.[7] 그러나 대학살 이후에도 되레 감염이 확산되어 뒤늦게야 멧돼지 '무죄론'이 고개를 들었지만[8] 여전히 멧돼지 한 마리만 도시에 나타나도 출몰, 공포 운운하며 멧돼지의 '습격'에 시달리는 듯한 호들갑이 지배적이다.

이래저래 작금은 야생의 생물에게 혹독한 시대다. 그런데 귀 기울여 보라. 변화의 바람이 일고 있다. 지평선 너머로부터 작지만 분명한 새로운 어떤 움직임이 조용한 먼지구름을 일으키며 솟아 오르고 있다. 그렇다. 애초에 이 책을 쓰게 된 이유이자 모두에게 소개하고 또 설득하고자 하는 궁극의 주제다. 바로 리와일딩(rewilding)이다. 리와일딩의 번역어는 잠시만 제쳐 두자. 재야생화, 다시 야생으로, 야생의 귀환, 그리고 내가 제안한 '활생(活生)'[9] 등 후보는 많지만 아직 정착된 것은 없기 때문이다. 지금으로써는 전 세계를 강타하고 있는 새로운 자연 보전 패러다임인 리와일딩에 눈과 귀를 열고 모든 지구인과 호흡을 같이하는 것이 중요하다. 왜냐하면 이보다 더 근본적으로 인간과 자연의 관계를 재설정하게끔 하는 새로운 현대적 세계관은 없기 때문이다. 게다가 그저 탁상 공론에 그친 관념 몇 가지가 학자들 사이에서만 회자되고 있는 그런 수준이 아니다. 이미 곳곳에서 한창 벌어지고 있는 일이다. 정말로 야생이 돌아오고 있다. 그리고 그 선봉에 선 것은 다름 아닌 인간이다.

『리와일딩 선언』은 리와일딩의 운동이 드디어 한국에도 상륙했음을 알리는 신호탄이다. 동시에 이제 우리도 리와일딩에 동참하고 더 나아가 선도해야 한다는 외침이다. 단순히 국제적으로 일어나고 있어서가 아니다. 망가진 생명계와 우리의 관계를 회복하는 데 절실하게 필요하기 때문이다. 이 책 하나가 전 지구적으로 전개되고 있는 야생의 귀환의 풍부한 이야기를 다 담기에는 물론 역부족이다. 마찬가지로 국내에서도 본격적으로 이 사상이 자리를 잡고 현장에서 실현되는 데 기여할 수 있는 바도 크지 못할 것이다. 하지만 하나의 분명한 시작점은 될 수 있다는 확신과 기대감을 안고 출발하려 한다. 온갖 동식물이 넘실거리는 자연과 조화롭게 상호 작용하는 미래를 진정으로 그리려는 의지가 있다면 가능한 일이다. 그래서 큰 포부를 안고 이 땅에 리와일딩을 선언하는 바다. 우리 함께 야생을 공식적으로 초청하고 맞이하는 이 작업에 함께 박차를 가해 보자.

2장
야생에 관하여

야생성은 생명이라는 주체의 자율성과
세상의 상호 작용이 핵심이다.

믿기지 않겠지만 사실이다. 지금 지구촌은 리와일딩이 한창이다. 첨단 기술 문명의 총화를 최고의 자랑거리로 삼는 인류가 21세기의 이 시점에 야생의 귀환을 부르짖는다? 참으로 의미심장한 역설이 아닐 수 없다. 그러나 엄연한 사실이다. 자연을 통제하고, 제어하고, 길들이는 데 몰두해 온 인간이 앞만 보며 돌진하던 외길 한중간에 갑자기 멈춰서서 뒤를 돌아본다. 떠난 지 한참 된 저먼 자연을 응시하며 그간의 역사를 전부 뒤집어 버릴 만한 행동을 한다. 그토록 두려워하고 퇴치하려 했던 바로 그 짐승들, 개간과 벌목으로 맞서려 했던 그 자연의 힘을 향해 목청 높여 부른다. 다시 돌아오라고. 야생이여! 돌아오라!

리와일딩은 새로운 자연 보전 세계관이자 실천적 접근법이다. 각각 영어 접두사 're'는 '다시'를, 동사 'wilding'은 '야생이 되게끔 하다.'라는 의미다. 두 가지를 합치면 '다시 야생화시키다.' 또는 '재야생화(再野生化)'라는 합성어로 번역할 수 있다. 말 그대로 풀어 본다면 다시금 야생의 생물 또는 야생적 작동 원리가 돌아오도록 하는 행위 정도로 풀이된다. 이게 그렇게 특별한 일인가? 왜 콕 집어 야생이고, 그전엔 야생 생물을 돌아오게 한 적이 한 번도 없었는가? 그리고 왜 굳이 '다시'인가?

새로운 사상이 등장할 때면 언제나 그렇듯 환대와 흥분, 혼란과 회의, 반대와 비판 등의 다양하게 섞인 반응을 수반한다. 현재 리와일딩은 바로 이 과정이 한창이다. 하지만 세상으로부터 인정을 받을락 말락 한 단계에 있다든가, 일부 전문가 집단에서만 거론되는 정도로 과정 중에 있다는 뜻은 아니다. 리와일딩은 이미 국제 사회의 주류로 진입하는 데 성공한 정립된 개념이자 방법론이다. 현재 리와일딩은 수많은 국가에서 활발히 이야기되고 연구되고 있는 분야로서 그 정신과 논리에 입각한 사업들이 실제로 실현 중이며 대중적으로도 큰 반향을 불러일으키고 있다. 구글 학술 검색 서비스에 리와일딩을 입력하면 2025년

6월 현재 3만 4900건이 나오며, 학술 논문에 국한해 데이터베이스 웹 오브 사이언스(Web of Science, WOS)에서 검색하면 1,337건이 발견된다. 게다가 이런 추세는 상당히 급격하게 증가하고 있다.[1]

대체 리와일딩이 뭐기에, 그리고 얼마나 특별한 것이기에 그런가? 바로 이 책의 주제이자 핵심 내용이다. 리와일딩의 의미와 중요성, 그리고 비전을 제대로 이해하기 위해 가장 먼저 이 모든 논의의 핵심인 야생의 개념 자체에서 시작해 보기로 한다. 야생(野生)의 사전적 의미는 이 글을 쓰고 있는 아래아 한글 프로그램에서 다음과 같이 알려준다. "산이나 들에서 저절로 나서 자람. 또는 그런 생물." 산이나 들은 꼭 육상이 아니더라도 모든 자연 서식지를 의미할 테고, 그곳에서 저절로 나서 자란 생물이나 그 성질이 야생이란 의미다. 즉 자연적인 공간에서 자연적인 과정을 통해 형성되는 생명 현상을 야생이라 일컫는다. 여기서 형용사로 사용되는 '자연적인'은 '생태적인 기전이나 원리가 풍부하고 원활하게 작동하는'의 의미로 볼 수 있다. 자연이 원래 펼쳐지게끔 되어 있는 대로 펼쳐지는 것, 그리고 그 결과로 발생하는 생물이 바로 '저절로 나고 자라는' 일이다. 여기서 야생이 생물과 성질 둘 다를 지칭한다는 점을 꼭 짚고 넘어가자. 야생의 성질이 펼쳐져야 야생의 생물이 나오고, 야생의 생물이 살아야 야생의 성질이 표현된다. 생물과 성질은 서로의 원인이자 결과다. 이 점은 추후 야생의 의미를 이야기하는 대목에서 다시 언급할 것이다.

    야생을 이해하기 위해 그 반대말로 여겨지는 '길들여진' 또는 '가축화된(domestic)'을 꼭 떠올릴 필요는 없다. 가축이 아닌, 길들지 않은, 통제 불가능한 등의 표현이 야생을 이해하기 위해 흔히 동원되기는 한다. 주변에 흔한 개나 고양이를 기준으로 그런 익숙한 생물이 아닌 생물들, 즉 뭔가의 여집합으로 대충 정리하고 넘어가기는 쉽다. 그러나 개념은 부정적으로 정의되지도 않거니와 가축이나 작물을 길들인 시점은 지구 야생 생물의 역사에 비추었을 때 너무나 최근이다. 가축화는 대부분 4,000년에서 1만 1000년 전에 일어났고 개의 가축화만 그보다 이른 기원전 1만 5000~1만 3000년으로 추정된다.[2] 이미 37억 년 전부터 생물이 번성했다는 사실에 비춰 보면 가축이나 가축화가 야생이 무엇인지 말해 줄 수 없다는 건 자명하다. 또한 가축이라 해도 상당 기간 동안 인간으로부터 자유로우면 다시 야생 또는 준야생으로 돌아가기도 하는 등, '가축화'는 어쩌면 잠정적으로 유지되는 불안정한 상태일 수 있다. 비록 야생이라는 개념조차 인간의 인식론적 산물이지만, 자연을 그대로 놔두면 언제나 발휘되는 '스스로 그러한' 어떤 주체적인 힘과 관련된 의미로 먼저 야생은 이해되어야 한다.

야생의 가장 대표적인 속성은 바로 자율성이다. 자기 뜻에 따라 나고, 자라고, 살아가는 존재 또는 그러한 성질을 말한다. 영어로 야생을 뜻하는 wild의 어원을 거슬러 올라가면 이 점이 잘 드러난다. wild는 고어인 wildeor로부터 나왔는데 앞부분은 의지를 뜻하는 will이, 뒷부분은 동물이나 사슴을 뜻하는 deor가 합쳐진 형태로 사람의 통제 아래에 있지 않은, 스스로의 의지를 가진(self-willed) 동물을 말한다.[3] 물론 움직이고 이동하는 동물의 특성상 이러한 의지의 발현이 훨씬 두드러지기에 같은 동물인 인간으로서 야생의 기준을 동물에 맞춘다는 것은 충분히 이해할 수 있다. 그러나 식물이나 균류, 조류, 미생물 등이 야생의 범주로부터 배제되는 것은 당연히 아니다. 가령 수천 년 전에 '길들여진' 효모인 사카로미세스 세레비시에(*Saccharomyces cerevisiae*) 외의 모든 효모는 야생 효모다.

어원에 깃든 의미가 오늘날 야생의 개념에도 여전히 있다는 전제에서 보면, 여기서 말하는 생물 스스로의 뜻 또는 의지가 반드시 어떤 인지적 능력을 거쳐서 발휘되는 무엇은 아니다. 즉 의식의 존재나 동물 행동학적 접근법으로만 야생성을 말해야 하진 않는다는 뜻이다. 유전자에 각인된 각 종의 진화적 역사와 발달 기전에 따라, 그 종이 필요로 하고 그 종에게 효과적인 자연 환경 속에서 상호 작용 및 반응하며 잠재성을 충분히 발휘하는 것도 '스스로의 의지'대로 사는 것이다. 그래서 개체만이 아니라 그 개체들의 집합적 효과로 이루어지는 서식지나 공간을 묘사함에 있어서도 야생이 사용되기도 한다. 의지에 대한 이러한 강조는 앙리 베르그송(Henri Bergson)이 말한 약동하는 생명력인 '엘랑 비탈(Élan vital)'을 연상시키기도 하지만, 여기서는 어디까지나 어원의 관점에서 인간이 야생이라는 말에 무엇을 투영하고 있는지에 대한 논의임을 기억하도록 하자.

그러한 속성을 다른 말로 자율성(autonomy)이라 할 수 있다. 인공 지능의 시대에 살고 있는 우리는 이미 이 단어에 익숙하다. 자율 주행 자동차가 언제 상용화되는지에 대해, 나로선 도무지 이해되지 않은 폭발적인 관심을 여러 사람이 갖고 있다. 비록 그 사회적 흥분에 동감할 순 없지만, 야생을 이해하는 데 도움이 되기에 여기에 활용하고자 한다. 우선 자율 주행 자동차는 생물이 아닌 자율 체제이기 때문에 자율성이 반드시 자연적인 과정을 통해서만 생기는 것은 아님을 알 수 있다. 동시에 오직 인간이라는 종의 이익을 위해 작동하는 '자율'이라는 측면에서 진정으로

자율적이라 할 수 없다고 할 수 있을 것이다.[4]

그런데 자율 주행 자동차의 사례가 알려주는 더 중요한 바는 야생의 또 다른 핵심 속성인 자기 조직화(self-organization)에 대한 이해를 도와준다는 점이다. 야생은 자율적이면서 동시에 자기 조직화한다는 것이 가장 주요한 특징들이다. 자기 조직화는 어떤 자연 체계가 조직되어 가는 방식이 그 체계 내부로부터 비롯된다는 의미다.[5] 한 복잡계 내에서 어떤 패턴이 자발적으로 발생하거나 변화하는데, 이 발생 및 변화를 일으킨 요소들이 다시금 그 패턴에 적응하는 현상이다.[6] 자율 주행 자동차는 스스로 다니며 주변과 상호 작용하기는 하지만, 제아무리 긴 시간 동안 운행한다 해도 어떤 조직의 변화가 일어나지는 않는다. 차체가 재조직되지도 않고, 부품이 고장 나면 그에 맞춰 체계가 적응하는 것이 아니라 반드시 인간이 교체해 주어야만 문제가 해결된다. 조직 원리가 내부가 아닌 외부로부터 주어지는 자율 주행 자동차는 제한적인 의미의 자율성은 있을지 모르지만 자기 조직화는 완전히 결여된 것이다. 가장 궁극적인 자기 조직화인 자발적 번식의 능력이 없음도 물론이다. 그에 반해 자기 조직화는 자율성과 함께 모든 야생 생물과 성질에서 발견되는 가장 핵심적 속성이다.

야생을 이해하기 위해 이러한 난해한 근거가 필요한 건 어쩌면 우리가 현대인이라서일지 모른다. 농업 혁명이 일어나기 전 수렵 채집인들은 언제나 이동하며 살았기에 특별히 야생을 구분하지 않았을 수 있다.[7] 하지만 이미 그 구분이 벌어진 이상 저 만치 멀어진 야생을 새롭게 이해하고 받아들이는 것이 필요하다. 코로나19가 처음 세계를 강타했을 때 각국의 봉쇄로 사람들이 실내에서 나오질 않자 야생 동물들이 썰렁해진 거리에 등장했던 것처럼, 우리와 야생은 한쪽이 존재감을 거두어야지만 비로소 반대쪽이 나타나는 길항적 관계가 되어 버린 듯하다. 더욱이 사회적으로는 야생이라고 하면 거칠고, 폭력적이고, 무질서한 단어들을 연상하며 그 거리감과 거부감만 계속해서 강화하는 관성이 지배적이다. 그러나 지금을 사는 우리이기에 오히려 선사 시대 인류는 몰랐던 것들을 볼 수도 있다. 야생을 직관적으로 이해하고 생활의 일부로 수용하는 능력은 떨어질지라도 생태학적, 철학적, 미학적 및 융합적 관점으로 야생을 재조명할 수 있는 능력만큼은 지금의 우리에게 더 우세하다. 그래서 이제부터는 보다 폭넓고 다양하게 야생을 접근해 봄으로써 그 능력을 십분 발휘해 보기로 하자.

영어 단어에서는 야생을 뜻하는 'wild'와 야생성을 뜻하는

'wildness'와 더불어 반드시 고려해야 또 하나의 야생 관련 단어가 있는데 바로 'wilderness'다. 서양 특히 미국에서 '야생의 땅'을 뜻하는 wilderness는 광활한 땅과 개척 시대의 역사와 더불어 오랫동안 사용된 단어이자 개념이다. 미국의 유명한 자연주의자 알도 레오폴드(Aldo Leopold)도 "wilderness가 없는 미래에 내가 유년기를 보내지 않을 수 있어 기쁘다."라는 명언을 남기기도 했다. 미국의 가장 오래된 환경 단체 중 하나인 시에라 클럽(Sierra Club)도 wilderness를 보존하는 것이 주요 목표 중 하나이고, 초대 회장을 지낸 '국립 공원의 아버지'라 불리는 작가 존 뮤어(John Muir)도 "우주로 나아가는 가장 명확한 길은 야생의 숲(forest of wilderness)을 통해서이다."라는 말을 남겼다.[8] 미국인의 정신 세계에서 매우 중요한 위치를 차지하고 있는 이 개념의 대표적인 정의는 1964년 제정된 미국의 야생 보호법(Wilderness Act)에서 찾을 수 있다. 야생 보호법은 미국 자연 보전 역사의 획을 그은 법으로서 야생에 대한 법적 틀을 처음으로 마련하고 차후 멸종 위기 보전법 등을 위한 토대에 크게 기여했다. 여기서 야생의 땅이란 '지구와 생명의 커뮤니티가 인간에 의해 속박받지 않은 공간으로서 인간은 방문자로서 머물지 않는 곳'이다.[9] 내가 '속박받지 않은'으로 번역한 untrammeled라는 말은 여간해선 잘 등장하지 않는 단어다. 그러나 야생을 말할 때에는 더없이 중요하고 필요한 의미임에는 분명하다.

다소 낭만적인 색채를 띠고 언급되는 이 야생의 땅이라는 개념을 두고도 수많은 논란이 있다. 보통 인간의 손이 닿지 않은 '순수한' 자연의 땅을 가리키는 wilderness란 실재하는 것이 아니라 자연과 문화 간의 이분법을 바탕으로 한 사회적 구성물에 불과하다는 비판이 예전부터 지금까지 꾸준히 이어지고 있다.[10, 11] 개척 시대와 식민지의 역사라는 맥락에서 그 개념에 대한 이런 비판은 서구권에서는 나름의 의미가 있겠으나, 한편으론 자연 자체가 인간이 만들어 낸 개념이 아니냐는 해묵은 철학적, 사회학적 논쟁의 연장선에서 일어나는 것으로 여겨진다. 나에겐 이 논의에 가담하거나 이어 갈 의사가 전혀 없다. 인간이 지구상에 나타난 이래, 이 직립 영장류의 손길로부터 완전히 자유로운 땅이 있었느냐 없었느냐는 논점이 아니다. 웬만한 곳까지 인간이 다 침투한 걸 감안하면 아마 어디든 크고 작은 영향력을 곳곳에 발휘했을 것이다. 그러나 한 번이라도 자연 깊숙한 곳으로 가 본 사람은 안다. 인간의 생각 따위는 그대로 파묻혀 버리는 웅장하고 넘실거리는 자연의 왕국이 실제로 존재한다는 사실을. 이런 곳을 야생의 땅, 즉 wilderness라 부른다면 적합한 이름이라 하겠다. 야생이 살아 숨 쉬는 세계는 그 어떤 상상의 구성물도 아니다.

야생의 땅은 실재하긴 하지만 더는 견고하지는 않다. 두말할 것도 없이 그만큼 우리의 영향력이 막대해졌기 때문이다. 지구의 존재론적 위기인 기후 변화도 일으킨 우리인데 거의 모든 숲과 산과 들과 습지가 그 힘으로부터 빗겨날 리 만무하다. 야생의 땅이 설 자리를 점점 잃고 있는 것은 분명하다. 비록 풍전등화의 상황에 있긴 있지만, 관념적 논의와는 상관없이 충분히 야생의 땅이라 부를 만한 곳들은 엄연히 존재하며 과학적으로도 여전히 유효한 개념이다. 가령 갈수록 위태로워지는 지구의 생물 다양성을 보전하기 위해 가장 집중해야 하는 지역, 즉 특별히 우선시해야 할 야생의 땅을 선별하는 연구들이 있다. 많이 인용되는 한 연구는 최소 면적 1만 제곱킬로미터 이상, 500년 전 기준으로 자연 서식지 비율이 70퍼센트 이상, 인구 밀도가 1제곱킬로미터당 5인 이하인 곳을 야생 지역(wilderness area)으로 정의하고 남은 곳이 얼마나 되는지를 조사했다. 그 결과 전체 인구의 3퍼센트만이 거주하고, 총 육상 면적의 44퍼센트에 해당하는 야생 지역 24개가 남아 있는 것으로 나타났다.[12] 이것이 현재 지구에 남은 마지막 야생의 땅이다.

야생을 다각도로 접근하기 위해 야생의 땅 개념에서 출발한 이유는 공간이 그만큼 중요하기 때문이다. 야생은 공간을 요구한다. 그것도 제대로. 야생과 공간 간의 연결 관계는 얼핏 당연하지 않게 느껴진다. 뭐든 살려면 약간의 공간이야 당연히 있어야겠지만 꼭 대규모의 땅이 있어야 하나? 그냥 여기저기 구석이나 자투리 땅을 잘 활용해서 살면 되지 않은가? 문명이 주구장창 만들어 가고 있는 지형에 비교적 잘 적응하는 생물들도 물론 있다. 인공과 자연 요소들이 복잡하게 직조된 오늘날의 모자이크 경관에 의외의 생존 저력을 보이는 종들도 상당수이다. 그러나 진짜 야생 하면 떠오르는 이미지, 즉 야생성을 가장 잘 체화한 것으로 여겨지는 존재들인 대형 포식자나 맹금류, 대형 초식동물들은 예외 없이 상당히 넓은 공간을 필요로 한다. 그냥 넓기만 해서는 안 된다. 개발이나 인위적 교란이 아예 없거나 현저하게 적어야 하며, 자연 서식지가 거의 온전한 상태로 존재해야 한다. 온전하다는 건 모든 것이 멈춘 정적인 상태가 아닌 지속적으로 돌아가는 동적인 상태다. 즉 계속해서 그 서식지가 존속하게끔 하는 힘들이 잘 작동한다는 뜻이다. 아마존 밀림이 기후 변화와 벌목으로 인해 자칫하면 건조한 삼림 사바나로 영구 전환될 위기에 처해 있다는 소식을 들어 본 적이 있을 것이다. 이렇듯 하나의 서식지를 계속해서 깎아 내며 훼손하면 아예 전체가 급변하기도 한다. 진정한 야생은 광활하고 온전한, 그런 자연을 필요로 한다.

대체 어느 정도 공간인지 예를 들어 살펴보자. 이왕이면 우리에게 조금이라도 와닿는 동물로 말이다. 한국호랑이는 한국에선 사라졌지만 러시아 극동 지방, 그리고 중국과 북한에서도 일부 서식하는 아무르호랑이와 유전적으로 같다. 학명도 *Panthera tigris altaica*로 같다. 그런 면에서 '한국호랑이'는 여전히 존재하며 우리가 특별히 관심을 가질 만한 동물이다. 아무르호랑이는 호랑이 중에서 가장 몸집이 크고 최북단에 사는 아종이다. 추운 곳일수록 식물 생장이 제한을 받기에 상대적으로 따뜻한 곳에 비해 생산성이 낮고, 이에 따라 초식 동물의 총량도 낮을 수밖에 없다. 그러면 그 초식 동물을 먹고 사는 최상위 포식자도 자신이 필요로 하는 에너지를 얻으려면 그만큼 넓은 영역을 돌아다니며 먹이원을 확보해야 한다. 그런데 그 넓이는 가히 엄청난 수준이다. 한 연구에 따르면 아무르호랑이 암컷 14마리의 평균 서식 영역이 390제곱킬로미터에 달했다.[13] 암호랑이 1마리가 군산시 전체와 맞먹는 공간에 산다는 것이다. 그러나 이조차도 수컷에 비하면 아무것도 아니다. 수컷 5마리의 평균은 무려 1,385제곱킬로미터에 육박하기 때문이다.[14] 서울과 부산을 합친 정도의 면적이 수호랑이 1마리가 누벼야 하는 공간인 것이다.

이런 종류의 토막 상식은 언젠가 들은 적이 있을지 모른다. 별별 동물이 다 있다는 정도로 생각하고 잊는 것이 보통이다. 하지만 야생이라는 관점에서 이러한 정보도 새롭게 보는 것이 필요하다. 한 야생 동물의 삶이 이토록 초대형 규모에서 벌어진다는 사실을 보다 깊이 음미해 봐야 한다. 대체 왜 그런 넓이가 필요하냐고 묻기 쉽다. 그 한 가지 이유는 앞에서 잠시 다루었다. 하지만 어쩌면 질문이 좀 잘못되어 있을 수 있다. 야생 동물이 세상에 나오고 나서 공간을 필요로 하는 것이 아니라, 야생 동물이란 존재 자체가 공간으로부터 탄생하는 것이기 때문이다. 공간, 즉 자연의 연속체 안에서 그 고유한 특성에 따른 생명의 조건들이 형성된다. 덥고 습한 열대 우림이든 춥고 건조한 한대림이든 생물적, 비생물적 요인의 조합으로 특정한 생명 활동의 맥락이 만들어진다. 그 맥락과 상호 작용하는 진화라는 연극을 펼치며 생태라는 무대에 등장하는 자, 그 배우가 바로 야생 생물이다.

상호 작용은 야생성의 또 한 가지 키워드이다. 생물은 서식지와 긴밀하게 상호 작용함으로써 살아가는데 그렇게 하게끔 하는 특질이 야생성이다. 숲속의 야생 동물이 사는 모습을 상상해 보라. 자신이 볼 것을 보고, 냄새 맡을 것을 맡고, 먹을 것을 먹는다. 감각은 숲을 감지하는 동시에 시시각각으로 몸속으로 숲 자체를 반영한다. 숲이 선사하는 여러 생명의 조건 중 특정 세트를 공략한다. 야생 동물은 살면서 자신의 존재와 이 세트와의 합치를 확인하고 완성한다. 이미 수많은 세대에 걸쳐서 갈고 다듬어지고 섬세하게 조율된 합치다. 완성도를 기하는 동시에 늘 변화의 가능성도 꿈틀대는 채 내딛는 역사다. 삶의 모든 것을 숲에서, 숲을 통해, 숲에 의해 해결한다. 말 그대로 숲이 몸인 것이다.

야생성은 이러한 상호 작용을 가능케 하는 하나의 과정이자 체계로 이해해 볼 수 있다. 같은 맥락에서 로런스 쿡슨(Lawrence Cookson)이 다음과 같이 내리는 야생성의 정의가 매우 의미깊다 하겠다. "야생성은 생물체와 자연 간의 상호 작용의 질로서, 근본적 본성들이 만나 튼튼한 체계가 구성되게끔 하는 것이다. 생물체는 자신의 기초 정보와 동기에 직접 접속하게 해 주는 특정 수준의 내적 질 또는 명료함에 도달하지 않고서는 야생에 제대로 참여할 수 없다."[15] 야생성으로 인해 동물의 내적 상태와 외적 환경 간의 건강한 관계가 만들어진다. 생물의 성향, 욕구, 동인 등의 본성이 내적 명료함과 평화의 상태로 존재하고, 거리낌 없이 신체와 행동에서 표현 및 발휘되면서, 온전한 생태의 환경과 만나 야생성은 재생 반복된다.

충분히 야생적 존재가 아닌 우리 자신을 돌아보면 좀 더 명확해진다. 야생은 명료함, 단순함, 절감(節減, parsimony)을 만들어 내는 방향으로 나타난다.[16] 건강한 상호 작용을 통해 내적, 외적, 존재론적 혼란이 적어지기 때문이다. 그에 반해 인간은 정체성의 혼란과 불안정이 가장 뚜렷한 특질 중 하나가 된 듯하다. 내적인 평화는 물론 외부 세계와의 관계적 평화 또한 너무나도 요원한 것이 바로 지금의 우리가 아닌가. 인간에게 완전히 의존적인 존재로 전락하거나 강제로 속박당해 무료함과 몰이해로 생애를 보내는 주변의 여러 생물들도 우리와 비슷한 비야생적 집합에 속한 자들이다.

하지만 우리에게도 야생성은 남아 있다. 그래서 리와일딩이 시작된 것이고, 그래서 여러분은 이런 글을 읽고 있는 것이다. 야생의 땅에서 야생을 만나는 사람은 내 안에서 뭔가가 깨어나는 것을 느낀다. 실제로 종 및 서식지 다양성이 높은 야생의 공간에 있을수록 반성적 사고력, 삶의 의미, 생기, 살아 있음에 대한 자각, 미학적 가치 부여 등의 경험이 증대되고 발전한다고 한다.[17] 따라서 야생성을 말할 때 인공성이 제거된, 인간의 손이 닿지 않은, 비어 있는, 비역사적인 대상처럼 어떤 부재(不在)로서 표현하는 것은 부적당하다. 다양하고, 건강하고, 생기 넘치는, 역사적인 삶들이 어우러진 곳 또는 생물 또는 상태를 '무엇이 없는' 것으로서 볼 수 없다는 것이다. 야생성은 부재가 아닌 현존(as presence, not absence)으로 말하고 이해되어야 한다.[18]

동시에 야생은 언제나 미지의 영역과 관련된다. 그래서 환경철학자 마틴 드렌센(Martin Drenthen)은 야생성을 "알 수 있는 것과 알 수 없는 것 사이, 즉 자연과 문화 간의 교차점에 위치한 '결정적인 경계 개념'"이라고 표현한다.[19] 야생은 절대로 다 알 수 있는 무언가가 아니다. 무슨 짓을 할지, 어디로 튈지 모르는 그 야릇한 불안감의 색채가 늘 야생에 입혀 있다. 그래서 어쩌면 야생이 무엇인지를 너무 확실하게 규명하려는 행위는 이미 내부 모순을 안고 가는 것인지도 모른다. 산길을 걷다 갑자기 야생 동물과 마주쳐 본 경험이 있다면 알 것이다. 서로를 절대로 완전하게 파악할 수 없지만 서로에게서 도저히 눈을 뗄 수 없는 그 찰나를 말이다. 존 버거(John Berger)의 말처럼 동물과 인간이 불가해의 심연 너머 서로를 관찰하는 순간이다.[20] 물리적 거리를 좁히려는 순간 동물은 떠나고 마주침은 파기된다. 그러나 바로 그 간극이 야생이 필요로 하는 공간이자 동시에 우리가 그 의미를 제대로 되새길 수 있는 거리이다.

환경 철학자 홈스 롤스톤 3세(Holmes Rolston III)는 우리와 야생 간의 범접할 수 없는 간극을 건너 "한 생물체가 다른 생물체를 이해하려는 시도인 이 '가로지르는 평가(transvaluation)'가 미학적 풍부함과 창조성을 낳는다."[21]라고 말한다. 나와 완전히 다르기에, 그러면서도 나와 동등한 하나의 주관이기에 나는 경건하고도 호기심 어린 마음으로 마주한다. 야생은 본래의 뜻에 따라 생성하고, 나타나고, 사라진다. 만남은 찰나라도 여운은 오래간다. 눈앞에 없더라도 존재한다는 사실과 생태적 존재감이 대신한다. 헨리 데이비드 소로(Henry David Thoreau)의 말처럼 "가장 살아 있는 것이 가장 야생적"이다.[22] 우리는 왜 야생에 속하지 못한 채 야생이라는 개념을 통해 이렇게 불편한 우회로를 거쳐 야생성을 이해해야 하는지 모른다. 그러나 이왕 주어진 간극, 그 경계에 서서 눈앞에 장대하게 펼쳐진 야생성을 온몸으로 감각하자. 그것이 바로 우리의 할 일이자 특권이다.

3장
인류가 다시 야생을 찾다

아프리카 모리셔스 섬에 살던 도도새는 멸종의
상징이라는 오명의 주인공이다.

인류가 야생을 다시 찾는 시대에 우리는 살고 있다. 그 선봉에 있는 움직임이 바로 리와일딩이다. 2장에서 야생 자체에 대해 다루었으므로, 야생성에 대한 이해와 감수성을 바탕으로 리와일딩이 무엇인지 이제 본격적으로 알아보도록 한다.

우선 단순하게 시작해 보자. 한마디로 말하자면 다음과 같다. 리와일딩은 자연이 제대로 회복되어 알아서 잘 굴러가도록 하는 일이다. 학술적인 견지에선 너무나 불명확하고 터무니없이 일상어로 표현된 것으로 보이겠지만 개념의 핵심은 다 담겨 있다. 두 성분으로 구성된 이 간단한 정의의 앞부분인 "자연이 제대로 회복되어"부터 살펴보자. 방점은 "제대로"에 있다. 사라지거나 훼손된 자연이 어느 정도, 적당히 돌아오는 것이 아니라 원래 가졌던 규모와 풍부함으로 회복되는 것을 의미한다. 원래의 규모와 풍부함은 또 무엇인가? 생태계의 모든 구성원과 그들에 의해 작동하는 모든 생태적 원리들이 충분함을 의미한다. 뒷부분인 "알아서 잘 굴러가도록"으로 넘어가자. 회복된 자연이 앞으로 갖추게 될 모습은 자연의 손에 달렸다는 뜻이다. 즉 인간이 생각하는 어떤 상이나 목표에 부합하는지와 상관없이 자연이 스스로 가는 길을 존중하고 인정하며 이를 위해 궁극적으로 손을 뗀다는 의미다.

여기서 중요한 것은 이 모든 의미를 '다시 야생으로'라는 의미의 리와일딩이라는 단어로 포착하려고 했다는 점이다. 인간이 파괴하기 전에 자연이 선보였던 풍부하고 찬란한 생태계의 모습을 다시 소환하는 행위, 그리고 그것이 어느 정도 성공한 다음에는 한 발, 아니 여러 발 물러서서 자연에 주도권을 돌려주는 것을 묶어서 부르는 말로 '다시 야생으로'가 선택되었다는 사실이 고무적이다. 얼마든지 다른 말로도 명명할 수 있기 때문이다. 실제로 많은 비판자들은 리와일딩이 불필요한 혼란을 초래하는 용어이므로 폐기되어야 한다고 주장하기도 한다. 그러나 잠시 생각해 보면 너무나 적합한 이름이다. 왜냐하면 생태계 자체와 생태적 기능의 회복, 그리고 자연이 주도하는 생태적 미래는 모두 이를 추동하는 생명력을 바탕으로 하기 때문이다. 그 요체는 우리가 완전히 이해하거나 다스릴 수 없는 어떤 힘이자 존재이다. 이를 달리 무엇으로 부르겠는가? 야생이 아니라면 말이다. 그래서 다시 야생으로, 리와일딩이다.

어떤가? 꽤 급진적으로 다가오는가 아니면 별로 새로울 것도 없는 무엇처럼 들리는가? 물론 앞의 간단 정리로는 너무나 부족하다. 리와일딩이 지금 그토록 폭발적 인기를 누리는 데에는 저 한 마디에 담기지 않는 역사와 배경과 논란과 사례와 파급 효과들이 물론 많다. 안 그랬으면 애초에 왜 책을 쓸 생각을 했겠는가? 이 책조차 그 대표적인 이야기만 골라 리와일딩에 대한 일목요연하고 쓸 만한 개론서가 되는 것이 목적이다. 이를 위해 이제 리와일딩이 탄생하게 된 배경과 역사에서 출발해 보자.

리와일딩의 역사는 비교적 짧다. 30년이 조금 넘는다고 할 수 있다. 그만큼 신생 사상이자 움직임이며 그래서 그간의 추이와 변화가 비교적 잘 기록되어 있다. 반면 또 그만큼 그것이 정확히 무엇인지에 대해조차 아직도 논란이 많고, 리와일딩이 실천된 사례보다는 그에 대한 논의가 더 많은 주제이기도 하다. 어쩌면 그래서 그만큼 흥미로운지도 모른다.

리와일딩이 탄생한 곳은 미국이다. 리와일딩이라는 단어를 고안하고 가장 먼저 사용한 사람은 미국의 자연 보전 운동가인 데이브 포먼(Dave Foreman)으로 알려져 있다.[1] 그는 보전 생물학의 아버지라 불리는 마이클 술레(Michael E. Soulé)와 함께 1991년에 '와일드랜드 프로젝트(Wildlands Project)'를 설립했는데, 멸종이 가속화되는 큰 이유 중 하나가 서식지 간의 고립이라는 점에 착안해 여러 보호 지역을 연결하는 것을 목적으로 하며, 지금은 '와일드랜드 네트워크'로 재명명된 단체다.[2] 이곳에서 출간한 《와일드 어스(Wild Earth)》에 실은 글에서 포먼은 리와일딩을 언급함으로써 리와일딩이 처음 세상에 등장한다. 당시에는 훼손된 자연에 대한 '생태적 복원(ecological restoration)'이 많이 강조되고 있던 때다. 복원 생태학(Restoration Ecology)은 전체적으로 식생 및 생태학적 기전을 복원하는 데에 치중하고, 동물이나 종의 구성에 대해서는 덜 강조하는 경향을 띠었다. 이러한 배경에서 생태적인 복원만으로는 불충분하며 여기에 '야생을 복원'할 것을 촉구하기 위해 리와일딩을 주장하게 되었다고 포먼은 회고한다.[3]

포먼의 아이디어는 그의 동지인 술레와 보전 생물학자인 리드 노스(Reed Noss)의 협력으로 곧 체계화되었다. 이 두 명의 보전 생물학자가 포면의 글이 실렸던 같은 잡지에 1998년에 발표한 것이 오늘날 '리와일딩 선언문'이라 불리는 글이다.[4] 여기에서 리와일딩의 초기 구호와도 같았던 '3개의 C(the 3 Cs)' 개념이 처음 등장한다. 이른바 핵심지(core), 통로(corridor), 포식자(carnivore)이다. 모두 c로 시작해서 만들어진 용어로서 리와일딩 초창기의 핵심 개념으로 인식되었다. 안전한 핵심 지역이 포함된 넓은 면적의 서식지, 그 서식지들 간의 긴밀한 연결, 그리고 최상위 포식자를 비롯한 핵심종의 존재라는 이 세 가지 성분이 리와일딩의 초기 축을 이루게 된다. 이렇게 세 가지 핵심어로 일목요연하게 정리된 덕택에 리와일딩이 단기간에 대중적 인지도를 끌어올리게 된 것인지도 모른다. 지금도 이 세 축은 여전히 유효하다. 하지만 리와일딩을 학문적으로 정의함에 있어서 3개의 C의 대표성은 옅어졌고 점차 다른 표현으로 대체되고 있는 추세다.

미국이라는 맥락은 리와일딩의 발생과 발전 양상과 관련이 깊다. 광활한 땅덩어리, 야생에 대한 문화적 향수, 그리고 대규모 이민의 역사는 초기 리와일딩의 규모와 강조점, 시간적 기준 등 다양한 측면에 많은 영향을 미쳤다. 현재 리와일딩이 가장 활발한 유럽에 비해 상대적으로 포식자를 포함한 대형 동물상이 비교적 잘 남아 있고, 도시화와 개발의 역사가 짧으며, '야생의 땅'이라 불리는 곳이 여전히 많은 미국에서 시작된 리와일딩은 스케일부터 남달랐다. 매우 넓은 면적의 야생의 땅을 보호 및 상호 연결하고, 대형 포유류 포식자가 이곳을 자유롭게 누비는 그림이 미국 리와일딩 지지자들이 그리던 꿈이었다. 이 꿈은 콜럼버스 도착 이후 급증한 생태적 파괴를 되돌리는 것은 물론, 아예 인간의 환경적 영향력이 미미하던 선사 시대 이전 상태의 자연으로 돌아가자는 비전으로 거듭나기도 했다.

넓은 서식지와 대형 포식 동물, 그리고 3개의 C를 강조한 미국의 리와일딩이 세계의 선봉에 서게 된 것은 단연 옐로스톤 국립 공원 늑대다. 과거에 사라졌다 1995년부터 재도입이 시작된 옐로스톤 늑대는 한때 그토록 없애려고 했던 존재를 다시 되돌려놓는 시도라는 점에서 우리에게 강력하게 다가오는 리와일딩의 가장 대표적이고 유명한 사례이다. 그런데 이 프로젝트가 처음부터 리와일딩을 실현하기 위해 시작된 것은 아니었다. 과도하게 늘어난 엘크* 의 부정적인 영향에 대한 관리 차원에서의

---

*   미국의 엘크(*Cervus elaphus*)와 달리 유럽에서 엘크는 말코손바닥사슴(*Alces alces*)을 의미한다.

고려, 그리고 멸종 위기종 복원에 대한 전반적인 노력 등에 힘입어 시작된 일이었다. 리와일딩의 대표적인 사례라는 칭호는 오히려 늑대들의 생태적 영향력이 드러난 이후에 부여되기 시작했다.

리와일딩이 미국에서 처음 언급되던 시점보다 조금 전, 유럽에서는 네덜란드를 중심으로 새로운 자연관이 독자적으로 꿈틀거리고 있었다. 인력과 비용을 지속적으로 투입해 특정 생태적 목표치를 도달 및 유지하도록 고강도로 '관리'하는 기존의 모델에 대한 반성의 분위기 속에서 1980년대에 '자연 개발(nature development)'이라는 새로운 자연 보전 관점이 제기되었다.[5] 이는 남아 있는 자연 서식지를 개별적으로 보는 대신 긴밀하게 연결해 생태적 시스템의 활성화를 도모하고 향후 집중적 관리 체제에서 벗어나는 것을 목표로 하는 접근법이었다. 같은 시기에 네덜란드의 간척지 중 일부가 과거의 용도를 잃고 방치되고 정부의 자연 보전 당국의 관할로 지정되면서 새로운 국면을 맞이하게 되었다.

당시 자연 보전 당국의 책임자를 맡았던 프란스 베라(Frans Vera)는 향후 세계 리와일딩 움직임에 결정적인 영향력을 미치게 되는 주요 인물이다. 고생태학자이자 보전 생물학자인 베라는 기존의 생각 틀을 주저 없이 비판하고 실험적인 발상을 적극적인 행동으로 옮기는 성격의 소유자다. 그가 책임직에 오르던 때 자연 보전의 기준은 극상을 향해 나아가는 천이의 각 단계를 잘 유지, 관리하는 데에 맞춰져 있었다. 그러나 버려진 간척지에 찾아들기 시작한 새들을 보면서 베라는 다른 생각에 잠겼다. 기러기 떼가 집단으로 먹이를 먹는 행위 자체가 식생의 성장에 영향을 주고 심지어는 천이의 방향을 '틀게' 해 준다는 것을 관찰했던 것이다.[6] 유럽의 자연 보호 구역들은 나무가 빽빽한 극상의 숲이 인간이 손이 닿기 전의 상태라고 가정하고 있지만, 실은 초원과 관목림과 낙엽성 삼림 사이를 끊임없이 왔다 갔다 하는 역동적 모자이크성 경관이 원래 유럽 자연의 모습이라는 것이 그의 생각이었다. 그리고 이 역동적 변화를 추동하는 핵심 요인은 다름 아닌 초식 동물의 먹이 활동이라는 것이었다.[7] 이 철학에 근거해 리와일딩의 역사에 한 획을 그은 사례로 탄생한 곳이 바로 우스터바더스플라산(Oostvaardersplassen, OVP)이다. 베라는 1980~1990년대에 강인한 성질을 가진 소와 말을 풀어 놓아 자유롭게 풀을 뜯어 먹게 하는 '탈가축화(dedomestication)'*를 통해 대형 초식 동물의 섭식 행동이 서식지의 생태적 작용을 추동

---

* 과거에 야생 동물이었던 가축이 야생성을 회복하도록 하는 행위.

하는 공간을 만들고자 했다.[8]

　베라의 사상은 유럽의 리와일딩에 결정적인 영향을 끼쳤다. 현재 전 세계에서 가장 활발하고 성공적으로 리와일딩을 실현하고 있는 단체인 '리와일딩 유럽(Rewilding Europe)'도 자신들의 생태학적 비전을 베라의 사상에 기초를 두었다.[9] 네덜란드에서 비영리 기관으로 등록하고 본부를 두고 있는 리와일딩 유럽은 2011년에 설립된 리와일딩 전문 단체다. 그전에 활동하고 있던 와일드 유럽 필드 프로그램(Wild Europe Field Programme)을 리와일딩이라는 단어로 재명명하면서 범유럽 지역에서 지역적, 국가적, 국제적 리와일딩 사업을 펼치기 시작했다. 첫 사업지로 2012년에 서부 이베리아, 크로아티아의 벨레빗 산맥, 루마니아의 다뉴브 델타와 남부 카르파티아 산맥, 폴란드와 슬로바키아와 우크라이나 경계의 동부 카르파티아 산맥 5개 지역이 선정되었다.[10] 2024년 현재는 대형 리와일딩 프로젝트 10개를 유럽 12국에 걸쳐 수행하고 있다.[11] 리와일딩 유럽은 각 사업지의 최소 면적을 10만 헥타르(1,000제곱킬로미터)로 정하고 곳에 따라 향후 확장 가능성을 열어 두고 시작했는데, 이즈음 인구 노령화와 농업 생산성 하락으로 농지 4000만 헥타르가 방치되는 상황이 리와일딩에 기회의 변수로 작용했다.[12] 지리산 국립 공원(471.8제곱킬로미터)과 설악산 국립 공원(398.2제곱킬로미터) 2개를 합친 넓이보다 최소 면적이 크다는 것을 감안하면 리와일딩 유럽의 스케일과 포부를 한층 느낄 수 있다. 2013년에는 유럽 리와일딩 네트워크라는 유럽의 여러 크고 작은 리와일딩 사업을 한데 모은 데이터베이스를 출범해 노력을 결집하기도 했다.[13]

네덜란드를 중심으로 새로운 자연 보전 관점과 관리 방안이 고개를 들기 시작할 때쯤 러시아 시베리아의 영구 동토층을 연구하던 학자 세르게이 지모프(Sergei Zimov)가 새로운 발견을 하고 있었다. 이곳은 토양의 유기 탄소와 얼음의 함량이 높은 이른바 예도마(yedoma) 지대로서 홍적세(Pleistocene)*에 형성된 지층이 나타난다. 지금은 흙, 자갈, 모래가 얼음으로 굳어진 동토층이지만, 그곳에서 발견된 엄청난 양의 화석은 다른 이야기를 하고 있었다. 놀랍게도 매머드, 엘크, 바이슨, 말 등의 대형 초식 동물의 잔해가 대거 출토되었는데 이는 그곳이 한때 광활한 초원이었다는 것을 방증했다.

이 초원 생태계는 대형 초식 동물들이 떼 지어 이동하며 밟고, 뜯어 먹고, 배변 활동을 함으로써 유지되는 곳이었다.[14] 그러

---

* 약 258만 년 전부터 1만 1700년 전까지의 지질학적 시대.

나 이 동물들이 단기간에 사라졌고 그들의 생태적 작용도 없어지면서 초원 대신 동토층이 자리 잡게 된 것이었다. 즉 이 동물들을 되돌릴 수 있다면 홍적세 생태계를 다시 구현할 수 있다는 것이 지모프의 생각이다. 세계적인 과학 학술지 《사이언스》에 2005년에 실린 그의 논문 「홍적세 공원: 매머드 생태계의 부활(Pleistocene park: return of the mammoth's ecosystem)」은 말 그대로 파격적이었다.[15] 홍적세 공원이라는 말은 그저 수사가 아니었다. 지모프는 1만 6000헥타르의 공간에 1988년부터 동물의 재도입을 시작했고 앞으로 멸종한 매머드를 실제로 되살리는 이른바 '탈멸종(deextinction)'*이라는 원대한 계획마저 실행에 옮기고 있다.[16]

바야흐로 '홍적세 리와일딩' 개념이 탄생한 순간이었다. 그런데 태평양 건너편 미국에서도 비슷한 꿈을 꾸는 이가 있었다. 대안적 보전 전략의 하나로 약 1만 3000년 전에 사라졌던 미국의 대형 동물을 복원해야 한다고[17] 주장한 보전 생물학자 조시 돈

---

* 이미 멸종된 생물을 DNA 정보를 토대로 되살려 놓는 행위로 영화 「쥬라기 공원(Jurassic Park)」에서 픽션으로 소개되었던 것이 이제 콜로설 바이오사이언스(Colossal Bioscience)와 같은 회사에 의해 실현되고 있다.

런(Josh Donlan)은 지모프가 러시아에서 했던 것처럼 미국에서 홍적세 리와일딩의 제창자가 되었다. 그는 생태적 역사가 자연 보전에 있어서 중요한 기준으로 활용되어야 한다며 과거의 여러 시기를 복수로 참고하는 리와일딩을 제안했다.[18] 그에 따르면 북아메리카 대륙의 생태계는 대형 동물상이 없어지면서 복잡한 먹이 그물이 상당 부분 와해되었으므로 이 동물들을 되돌려 놓음으로써 생태계의 작용을 복원하는 것이 필요했다. 그가 동료 학자들과 2005년 《네이처》에 실은 논문은 홍적세 리와일딩을 공식적으로 데뷔시킨 것으로서 이제는 리와일딩계의 고전이 되었다. 제목의 말 그대로 홍적세 리와일딩은 "21세기의 보전을 위한 낙관적인 아젠다"였다.[19]

돈런은 한발 더 나아가, 만약 이미 멸종된 동물들을 되돌릴 수 없다면 비슷한 생태적 역할을 할 수 있는 종이라면 북아메리카에 원래 없던 동물이라도 외부에서 도입할 것을 주장했다. 홍적세 시기에 그 땅을 활보했던 최상위 포식자의 후손이 없는 상황이므로, 사자나 치타와 같은 유사 기능 종을 포함해 코끼리, 쌍봉낙타 등의 초식 동물들도 고려해야 한다는 것이었다.[20] 즉 외래종의 도입마저 리와일딩의 가능성의 영역 안으로 포함되었다. 다른 시대였다면 터무니 없는 공상으로 치부될 발상이 정식의 과학적 논의로 발돋움한 것이었다.

이 두 가지 사례는 한 가지 공통 분모를 두고 있다. 그것은 바로 홍적세에 존재했던 동물들이 자연스러운 과정을 통해 사라진 게 아니라는 명제다. 홍적세는 인류가 여러 대륙으로 장거리 이동과 전파를 하던 시기인데, 수많은 화석 증거에 따르면 인류의 도착한 때와 대형 동물들의 멸종이 시기적으로 맞물려 나타난다. 즉 다른 종에 비해 포착하기 쉽고 행동이 느리고 개체수가 적은 대형 동물들이 초기 인류의 사냥으로 멸종했으므로 이는 자연 멸종과 다르며 현재 벌어지고 있는 인위적 생태계 훼손과 맥을 같이한다는 것이다. 이를 '과학살 이론(overkill theory)'이라고 부른다. 단순한 사냥 도구로 시작한 인류가 점차 고도로 발달시킨 기술을 갖추면서 대형 동물의 멸종을 앞당겼다는 것이 골자이다.[21]

여러 큰 동물을 멸종시켰기 때문에 그 잘못을 바로잡는다는 데에만 핵심이 있는 것은 아니다. 인위적으로 초래한 멸종은 생물의 크기를 떠나 모두 비극적인 일이다. 그보다는 몸집이 큰 동물들이 다른 동물에 비해 불균형적으로 많이 사라졌고, 그로 인해 중요한 생태적 작용들도 사라졌다는 데에 방점이 있다. 그 현상이 본격적으로 벌어지기 시작한 시대가 바로 홍적세이기에, 이때 생물상을 생태계의 진화적 잠재력이 충분히 발휘된 상태로 보고 리와일딩의 베이스라인으로 삼겠다는 것이다. 실제로 고생물학적 기록은 홍적세에 집중되었던 대형 동물의 멸종 양상을 잘 보여 준다. 몸무게가 1,000킬로그램 이상의 초대형 초식 동물, 100킬로그램 이상의 초대형 포식자, 45~999킬로그램의 대형 초식 동물이 기저 멸종률에 비해 불균형적으로 모든 대륙에서 높은 멸종률을 나타냈으며 이는 산림 피도(被度)* 증가, 영양 물질 이동 감소 등의 생태적 변화를 일으켰다.[22] 홍적세 멸종이 인간에 의한 것이 아닐 수 있다는 주장이 한때 제기되기도 했으나, 당시의 기후 변화 및 대륙별 동물상이 현생 인류를 만난 시점 등을 모두 고려한 연구의 분석 결과 인간에 의한 멸종이 가장 유력한 원인임이 확인되었다.[23] 북아메리카에서는 콜럼버스 시대에도 많은 멸종이 일어났지만 베링 해협이 얼었을 때 건너온 인류에 의해 멸종된 대형 동물이 훨씬 많기 때문에 돈런도 홍적세 리와일딩을 주장한 것이다.

현생 인류의 도래 이전까지 상상력을 뻗은 리와일딩 움직임과는 별도로, 영국 서섹스에 위치한 한 농장에서는 전혀 다른

---

* 식물 군집을 구성하는 각 종류가 지표면을 차지하는 비율을 나타내는 양.

경로로 야생 실험이 이루어지고 있었다. 넵 캐슬(Knepp Castle)이라는 이름의 농장은 석회 암반 지대 위에 놓인데다 토양의 질이 좋지 않아 농사가 난항을 겪던 곳이었다. 농장주 찰리 버렐(Charlie Burrell)과 이저벨라 트리(Isabella Tree)는 2001년에 이곳의 경작을 포기하고 자연으로 되돌리겠다는 획기적인 발상을 가지게 되었다. 이들은 네덜란드의 베라가 강조한 초식 동물의 섭식 행위에 의한 생태적 기전에 영향을 받아 소, 말, 돼지 등의 가축들을 자유롭게 풀어 놓아 수천 년 전 활발했던 야생 동물의 역할을 재현하기로 했다. 아무런 목표 없이 생물들의 활동이 951헥타르 넓이의 땅을 어떻게 변모시킬지 그냥 놔두자는 혁명적인 생각이었다.

그 결과 놀라운 일이 일어났다. 대부분 목초지와 관목지였던 땅은 산림과 초원, 중간 지대가 모자이크로 형성된 서식지로 변모했고, 멸종 위기종을 비롯한 수많은 생물이 이곳을 터전으로 삼기 시작했다. 영국에서 희귀한 나이팅게일을 비롯해 넵 캐슬 농장의 상징이 된 멧비둘기는 영국에서 수가 늘어나고 있는 유일한 곳이다. 전국에서 가장 큰 개체군의 보라제왕나비를 비롯해 모든 종류의 부엉이와 대부분의 박쥐류도 여기서 발견된다. 이러한 성공으로 인해 넵 캐슬 농장은 영국 리와일딩의 상징이자 대표적 사례로 급부상했고, 지금은 리와일딩 관련 강의와 생태 관광, 교육, 봉사 프로그램, 심지어는 '야생 방목 고기(wild range meat)'* 판매 등 활발한 행보를 이어 나가고 있다. 이저벨라 트리가 넵 캐슬 농장의 리와일딩 이야기를 담은 책 『야생 쪽으로(Wilding)』는 2018년에 출간된 이후 베스트셀러가 되었고 국내에도 2022년에 번역 출간되었다.[24]

리와일딩이 주류 사회에 편입시키는 결정적인 역할을 한 또 하나의 책 역시 영국에서 나왔다. 《가디언》 칼럼니스트로 잘 알려진 언론인이자 활동가인 조지 몽비오(George Monbiot)가 2013년에 발표한 『활생: 육지, 바다, 인간 삶의 리와일딩(Feral: Rewilding the Land, Sea, and Human Life)』은 리와일딩을 명실공히 세상에 알린 책으로 여겨지는 역작이다.[25] 출간 당시만 해도 리와일딩은 학계 및 보전 분야 일부에 국한된 주변부적 관심사였다. 그러나 저자의 개인적인 삶과 고민으로부터 비롯된 생태적 문제 의식, 광범위한 자료 수집과 치밀한 과학적 분석, 분야를 넘나드는 융합적 사유, 여기에 문학적 문체까지 가미되면서 이 책은 대중

---

*   야생 방목은 기존의 놓아 기른 방목(free range) 방식과 달리 리와일딩의 공간에서 살다 죽은 가축의 고기임을 나타낸다.

적인 견지에서 리와일딩의 얼굴로 자리매김하게 되었다. 나 역시 이 책을 통해 리와일딩을 처음 접했고, 결국 한국어판 번역도 맡아 2020년에 『활생: 한번도 보지 못한 자연을 만난다』라는 제목으로 출간했다. '활생'은 리와일딩을 재야생화라는 네 음절의 단어로 옮기는 것에 대한 대안으로 내가 제안한 번역어다. 어떤 정해진 목표나 과거의 기준점으로 돌아가려는 것이 아니라, 자연이 알아서 제 갈 길을 찾아가도록 놔두고 그 과정과 결과를 존중 및 수용한다는 리와일딩의 핵심을 담기에 적합한 단어로 생각해서 한 일이다. 몽비오에게 활생을 'reinvigorate' 또는 'revitalize' 등의 의미를 갖는 단어로 설명하고 그 사용에 대한 동의를 구하자 그는 흔쾌히 허락했다. 몽비오도 이 책에서 스스로가 생각하는 리와일딩을 다음과 같이 기술한다. "나에게 리와일딩은 자연을 통제하려는 마음에 저항하고 자연이 스스로 제 길을 찾도록 허용하는 것이다."[26] 리와일딩의 대중화에 앞장서 온 몽비오는 유럽권에서는 나름 유명 인사이기도 하다. 기후 변화에 대한 자연적 해결책으로 숲의 중요성을 알리는 공익 광고에 그레타 툰베리(Greta Thunberg)와 함께 출연할 정도로 환경 분야에서 인지도와 영향력을 가진 인물이다. 그의 리와일딩 TED 토크는 100만회 이상의 조회수를 기록했으며, 그의 트위터 계

정도 58만 명 이상의 팔로워를 보유하고 있는 등 리와일딩이 주류화되는 데에 그가 한 공로는 학계에서도 널리 인정된다.

리와일딩이 미국과 유럽의 서양 사회에서 시작된 것인 만큼 중요 사례들의 현장도 같은 지리적 지역에 속한 것들이 대부분이다. 그러나 리와일딩의 역사에서 반드시 언급되어야 하는 남반구 사례가 하나 있는데 그것이 바로 모리셔스의 육지거북 리와일딩이다. 모리셔스는 인도양 남서부의 마다가스카르 동쪽 연안에 위치한 마스카렌 제도에 속한 섬나라로서 독특한 생물상이 오랫동안 진화해 왔다. 그런데 17세기 무렵 유럽 인들이 도착해 사냥을 벌이고 그들이 탄 배에서 나온 쥐, 고양이, 염소 등의 침입종으로 인해 많은 토착종이 사라졌는데, 멸종의 상징이 되어 버린 도도새도 그중 하나다.

한때 흔히 발견되던 코끼리거북도 19세기에 멸종했는데, 그러고 나자 토착 식물들도 점차 사라지는 현상이 나타났다. 육지거북의 초식 활동이 군도의 독특한 식물상을 유지하는 역할을 해 왔기 때문이었다. 특히 큰 씨앗을 가진 식물들의 경우 거북이 사라지자 종자 분산이 잘 되지 않았던 것이다. 이러한 문제를 자각한 시민 단체와 정부는 사라진 거북과 유사한 종인 앨더브라코끼리거북(*Aldabrachelys gigantea*)과 마다가스카르방사거북

(*Astrochelys radiata*)을 2007년에 도입했고, 그 결과 씨앗이 커서 종자 분산에 어려움을 겪던 종들이 큰 생태적 도움을 받았다. 가령 자생 야자수의 종자 분산과 열매가 큰 흑단나무의 발아율 등이 회복되었다.[27] 또한 거북은 외부에서 온 잡초성 식물을 뜯어 먹음으로써 그들의 생장을 억제했고, 상대적으로 자생 식물엔 외래 식물과 겪는 경쟁률이 낮아지는 효과도 나타냈다.[28] 모리셔스의 성공은 비슷한 환경의 다른 군도 생태계를 회복하는 하나의 모범 사례가 됨으로써 마다가스카르, 세이셸, 카리브 해 등에서 비슷한 프로젝트들이 속속 등장하고 있다.

리와일딩이 하나의 강력한 움직임으로 자라나면서 이 운동에 동참하고 있는 수많은 사람들을 연결하는 조직이 최초로 탄생했다. 바로 글로벌 리와일딩 연맹(Global Rewilding Alliance)이라는 네트워크다. 2020년 제11회 세계 야생 회의 준비 작업의 일환으로「지구 리와일딩을 위한 글로벌 헌장(Global Charter for Rewilding the Earth)」을 작성 및 채택함으로써 출범했다. 이 헌장에는 리와일딩이 출연하게 된 계기와 과정, 그리고 그 중요성과 의미 등을 상세히 기술하며 리와일딩의 12가지 대원칙을 천명함으로써 리와일딩의 세계적 방향성을 제시하고 있다.[29] 2021년 3월 20일을 시작으로 세계 리와일딩의 날을 매년 운영하며 다양한 리와일딩 사업을 추진, 지원, 협력하고 있고 현재는 125개국 약 240개 이상의 파트너가 함께 하는 규모로 자라났다.[30] 내가 이끄는 생명다양성재단도 2025년 6월 현재 한국 단체 최초로 이 연맹에 가입했다.

    리와일딩의 짧은 역사의 가장 굵직한 요소들을 나열해 보았다. 이중 주요 사례 몇 가지는 이후의 장에서 더 자세하게 다룰 예정이라 여기서는 간략한 소개로 갈음했다. 눈치 빠른 독자는 방금 다룬 다양한 사례들을 접하면서 리와일딩의 개념도 다양하게 사용되고 있다는 점을 이미 간파했을 것이다. 한편으로는 혼란스럽기도 하고, 다른 한편으로는 흥미롭기도 한 리와일딩의 여러 뜻과 뉘앙스를 살펴보는 작업이 그래서 필요하다. 바로 4장에서 다루고자 하는 내용이다.

4장
리와일딩이란 무엇인가

자연을 있는 그대로 두는 소위 '방치'도
수동적 리와일딩의 방법이다.

야생의 자연이 돌아온다는 것은 어떤 모습일까? 인간이 사라진 도시를 자연이 완전히 점령한 상태를 떠올리는 이도 있을 테고, 반대로 야생 동식물과 조화롭게 어우러져 사는 새로운 인류를 그리는 이도 있을 것이다. 자연에 대한 새로운 접근법이자 비전에 대한 논의인 만큼 이를 보는 시선도 가지각색이라는 것은 쉽게 예상 가능하다. 실제로 리와일딩의 현주소가 바로 그러하다. 학자에 따라, 단체에 따라, 나라에 따라 용법도 다르고 의미도 다르다. 그렇다고 공통점 없이 마구 발산하기만 하는 것도 아니다. 리와일딩을 기존의 개념과 차별화시키는 공통 분모도 분명히 존재한다. 4장에서는 리와일딩의 여러 정의를 둘러싼 논란과 현재 주로 통용되는 의미들을 살펴보기로 한다.

무엇이든 정의를 하기란 쉽지 않다. 뜻을 잘 알고 쓴다고 생각한 용어도 막상 정의하려면 정확하게 말로 풀기 어려우며, 그 작업을 하다 보면 실은 내가 잘 모르고 있었다는 것을 깨닫기도 한다. 그런가 하면 정의의 어려움은 차치하고, 실제로 꽤 여러 가지의 의미로 쓰이고 있어서 교통 정리가 필요한 용어도 있다. 리와일딩은 이 후자에 해당한다. 수많은 논문과 책에서 '리와일딩이 무엇인가'라는 질문에 저자가 나름의 답을 하고, 이를 상호 인용하며 토론이 여러 갈래로 이어지는 양상을 발견할 수 있다. 개념에 질서를 부여하는 것이 학문의 가장 본질적 속성이기도 하거니와, 리와일딩이 학계를 뛰어넘는 사회 문화적 인기를 누리면서 용어가 오용되거나 의미가 변질되는 현상도 이에 한몫한다. 동시에 의미의 다양화는 리와일딩이 더 널리 알려지면서 수반되는 자연스러운 현상으로서 오히려 반겨야 한다는 의견도 존재한다. 어쩌면 개념적 질서를 완벽하게 확립하는 것보다는 이러한 토론과 논란의 과정을 거친다는 데에 더 의미를 두는 것이 학계의 성향이 아닌가 싶기도 하다. 어쨌건 리와일딩의 여러 사례만큼이나 그 정의도 매우 여러 가지이다. 여기서는 그중에서 중요한 성분들을 파악해 나름의 정의를 내려보기로 한다.

앞서 리와일딩을 '자연이 제대로 회복되어 알아서 잘 굴러가도록 하는 일'이라고 간단하게 정의한 바 있다. 물론 이는 너무 간단하다. 나에겐 리와일딩의 정수를 최대한 잘 압축한 말이라 여겨지지만, 다른 이들도 동의할진 만무하다. 원래 보전 생물학이라는 학문 안에서 생태계 관리 분야의 용어로 탄생한 것이 리와일딩이라 훨씬 기술적으로 정의되는 경우가 많다.

어떤 분야가 학계의 집중을 받기 시작했다는 것을 보여 주는 한 단서는 널리 알려진 대학 출판사에서 그를 주제로 한 편집본이 출간되었다는 소식이다. 영국 케임브리지 대학교 출판사에서 2019년 출판된 『리와일딩(Rewilding)』은 리와일딩을 둘러싼 웬만한 토픽을 다양하고 포괄적이면서 심도 있게 다룬 중요 저작물이다.[1] 『리와일딩』 1장에서는 리와일딩의 여러 다양한 정의를 소개하기에 앞서 현재 통상적으로 어떻게 이해되고 있는지를 다음과 같이 쓴다. "원래는 핵심 서식지, 생태 통로, 포식자에 기초한 하나의 보전 방법으로 정의되었지만, 지금은 특정 종을 도입(또는 재도입)함으로써 생태계의 기능성을 회복 또는 복원하는 일로 널리 이해되고 있다."[2] 내 정의와 굳이 대응시켜 본다면, '자연이 제대로 회복'이 '생태계의 기능성을 회복 또는 복원'에

상응하고, 그렇게 하도록 하는 '일'이 '특정 종의 (재)도입'에 해당한다. 즉 어떤 이유로 생태계가 온전하지 못한 곳이 있고, 한때 그 생태계에서 중요한 기능을 했던 특정 종이 사라진 것이 근본 문제인 것으로 파악하여, 그 종(또는 대체 종)을 복원함으로써 그 기능을 되살리려는 행위가 리와일딩이라는 것이다.

애초에 왜 온전하지 못한 생태계가 있기에 잃어버린 기능을 회복 또는 복원해야 하는가? 리와일딩은 그 이유를 인간에서 찾는다. 자연은 진화하며 생태계도 변한다. 그러나 갑작스러운 자연재해나 질병을 제외하곤 장시간에 걸쳐 일어나기에 구성원들도 적응할 여지가 있다. 게다가 어느 한 종이 지구 전체의 생물들을 절멸하게 만드는 일은 단 한 번도 일어난 적이 없다. 즉 비자연적인 현상이라는 뜻이다. 멸종도 원래 자연적인 현상이라는 사실을 들먹이며 이미 시작된 여섯 번째 대멸종의 인간 책임론을 부정하는 이야기라면 제발 그만두자. 인간에 의한 멸종을 논함에 있어서 멸종도 자연 현상임을 고려하지 않는 연구는 없다. 자연 멸종률을 일반적으로 받아들여지고 있는 것보다 더 보수적으로 높게 잡은 연구*에서도 지난 세기의 척추동물 멸종

---

* 100년 동안 포유류 1만 종당 2종 멸종.

률은 자연 빈도보다 100배나 높았다.[3] 멸종은 그 자체만으로도 관련 책이 이미 많이 나와 있을 정도로 별도의 연구 분야다. 여기서는 인간에 의해 사라진 종들로 인해 생태계가 온전치 않으므로 인간이 이 문제를 바로잡을 당위가 있음이 리와일딩의 철학임을 기억하도록 하자.

그런데 오늘날 자연이 처한 문제적 상황이 우리 때문이라는 반성은 전혀 새로운 것이 아니다. 인간의 영향력으로 훼손된 생태계를 복원해야 한다는 사명으로 활발한 연구와 적용이 벌어지고 있는 보전 생물학 분야가 이미 존재한다. 그것은 바로 복원 생태학이다. 복원 생태학은 훼손, 낙후, 파괴된 생태계의 복원을 연구하는 학문이며, 이 과정을 돕는 일을 생태계 복원이라 부른다.[4] 더 간단하게 말하면 생태계를 원래의 상태로 되돌리는 것이다. 사라진 종을 다시 데려오는 일도 물론 이에 포함된다. 그렇다면 리와일딩과 무엇이 다르단 말인가? 그 차이에는 미묘한 부분과 결정적인 부분 둘 다 있다. 우선 복원 생태학은 숲이나 식생의 피도[5]를 원래의 수준으로 되돌리는 재식림(reforestation)* 등의 개념이 강조된다. 생태계의 각 구성 성분이 원래 상태로 충

---

* 사라진 숲을 다시 조성하는 일.

실하게 돌아오게끔 하는 것이 중요하다는 것을 느낄 수 있는 대목이다. 또한 복원 생태학은 전통적으로 식생에 주안점을 두면서 동물 개체군 복원에 대해선 다소 소극적으로 임해 왔다.[6] 반면에 리와일딩은 동물에 더 방점을 두는 경향이 있으며 복원을 지향하긴 하지만 특정 상태에 정확히 도달하려는 성향은 복원 생태학보다 약하다고 하겠다.

리와일딩과 복원 생태학 간의 차이를 보다 구체적으로 살펴봄으로써 리와일딩의 정의에 한 발 더 가까이 다가갈 수 있다. 가령 두 가지 접근법 모두 사라진 종의 재도입을 추구한다는 점에서는 동일하다. 그러나 복원 생태학은 과거의 특정 시점에 있었던 바로 그 종을 복원하는 것을 목표로 하는 반면, 리와일딩의 경우 그 종이 현재 없다면 유사한 생태적 기능을 하는 종도 수용한다는 점에서 큰 차이를 보인다. 3장에서 미국의 홍적세 리와일딩을 소개하면서 치타나 쌍봉낙타 같은 외래동물도 고려해야 한다는 주장에 대해 언급했다. 최상위 포식자나 대형 초식동물의 생태적 역할이 워낙 중요하므로, 그들의 공백을 채우기 위해 토착 종이 사라졌다면 생태적으로는 유사하지만 원래 살았던 적이 없던 종도 수용 가능하다는 것이다. 바로 이런 면에서 복원 생태학은 '분류군 충성도'가 높지만 리와일딩은 낮다. 같은 맥락에서 복원 생태학에서는 과거의 특정 시점이 기준으로서 매우 중요하다. 그때의 그 상태로 돌아가는 것이 목적이니 말이다. 그러나 리와일딩에서 과거의 상태는 기준이긴 하나 여러 기준 중 하나이며, 따라서 절대적인 기준이라기보다는 참고 자료에 가깝다.[7] 과거의 정확한 구성을 재현하는 것보다는 중추적인 기능을 살리는 것이 더 중요하다.

그런데 그보다 더 결정적인 차이가 하나 있다. 이는 리와일딩을 복원 생태학과 차별화시켜 주는 것만이 아니라 현재 통용되는 리와일딩의 여러 정의를 관통하는 가장 핵심 속성이기도 하다. 그것은 바로 자연의 예측 불가능성에 대한 수용이다. 어느 분과에 속해 있든, 생물을 다루는 사람은 자연이 마음대로 되지 않는다는 사실을 잘 안다. 하지만 자연을 접근함에 있어 어떤 개념적 틀을 차용하고 있는지에 따라 이 예측 불가능성에 대한 자세는 큰 차이를 보인다. 복원 생태학의 경우 과거의 상태로 최대한 가깝게 가고자 하는 것이기에 예측 불가능성을 가능한 줄이고자 한다. 가령 어떤 종이 예상외로 우점하면 개체군의 과다 증식을 막으려는 개입을 하게 된다. 리와일딩은 원칙적으로 이러한 종류의 개입은 지양한다. 어디서 나타날지, 어디로 갈지 모르는 것, 그것이 바로 야생이 아닌가! 길들지 않은 야생을 이름에 내걸고 있는 리와일딩은 이러한 예측 불가능성을 단순히 받아들이는 정도가 아니라 전폭적으로 반긴다는 점에서 기존의 접근법과 가장 다른 것이다. 생태계의 과거를 생각하며 중대하게 누락된 것들은 적극적으로 고친다. 하지만 그런 다음에는 자연이 제 갈 길을 가도록 한다. 자연이란 어차피 변하는 것이고 야생만큼 이를 잘 함축하는 말은 없다.

자연의 변화와 유동성에 대한 이러한 입장은 매우 깊은 차원에서의 차이를 발생시킨다. 과거에 있었는데 지금은 없어진 어떤 특정 생물, 어떤 특정 생태계를 원래의 상태대로 '똑같이' 되돌려 놓는 것이 기존 복원 생태학의 목표라면 그것은 생물의 고유한 정체성을 전제로 한다. 이른바 '본체론적 존재론'에 입각한 사유다.[8] 가령 기존의 자연 복원 사업은 '우리나라 생물'이라는 확정적 범주를 너무나 당연한 대전제로 삼는다. 그러나 다음과 같은 사례는 그것이 그렇게 깔끔하게 떨어지는 개념이 아니라는 것을 말해 준다. 2024년 11월 경기도 수원시 광교 저수지 산책로에서 시민 2명이 사슴의 '공격'을 받아 부상을 입는 사건이 발생해 이슈가 되었다, 이때 언론에 등장한 한 전문가는 "우리나라 꽃사슴은 존재하지 않는다."라며 해당 사슴은 농가에서 탈출한 것으로 추정했다.[9] 그런데 이른바 꽃사슴은 1950년대에 국내에서 멸종한 대륙사슴의 다른 이름이다. 지금은 한국에 없지만 환경부 지정 멸종 위기 1급 동물로 여전히 등재된, 엄연한 '우리 동물'이다. 농장에서 나왔더라도 '원래 있던 동물이 돌아온 것'으로 볼 여지도 얼마든지 있는 것이다. 물론 현재 농장에 있는 사슴은 일본과 대만의 아종을 데려온 것이지만 한국 아종과 실제로 얼마나 다른지, 한국 아종이라는 게 실체가 있는지 모두 불분명하다.[10] 따라서 덮어놓고 우리나라 동물이 아니라고 말할 수도 없는 일이다. 이미 국내에 멸종한 반달가슴곰을 복원하기 위해 중국에 살던 곰을 들여놓은 판에 말이다. 물론 당시의 곰들은 유전자 검사를 받아 선정했지만 유전자가 '우리나라 동물'을 정의하는 것은 아니다. 동물과 자연은 어차피 국적 따위와 완전히 무관하다. 그런 정의를 내리고, 따지고, 집착하는 자는 우리 자신이다.

리와일딩이 기존의 분류학이나 계통 생물학을 부정한다는 것이 결코 아니다. 진화의 과정으로 탄생하는 수많은 갈래와 생물 지리학의 역사 및 분포 양상을 존중한다. 그러나 진화 자체의 핵심 속성이 변화라는 점에 착안해, 과거 생물상에 대한 과도한 집착이나 본체론적 존재론에 입각한 순결주의를 지양한다. 최대한 진화적 역사와 생태적 구성에 충실하려 하지만 그것 자체가 목표가 되는 것을 거부한다. 더 중요한 것은 생태계가 충분히, 건강하게 돌아오는 것이다. 그래서 차선책(또는 차차선책)에 얼마든지 열려 있다. 그 대상이 설사 고전적인 보전 생물학의 관점에서는 외래종에 해당할지라도 말이다. 바로 그런 의미에서 단순 복원이 아니다. '다시 야생으로'라고 부르는 게 마땅하리라

유사한 개념과의 차이를 다루었으니 이를 염두에 둔 상태에서 이제 리와일딩을 보다 정확하고 면밀하게 규정할 준비를 한 셈이다. 학계에서는 현재 통용되는 리와일딩의 여러 정의에서 크게 세 가지 주요 성분이 있는 것으로 파악한다. 첫째, 상실한 생물 다양성을 되찾으면서 불특정의 미래로 나아가는 측면, 둘째, 사라진 종 또는 대체 종을 복귀시켜 이전 상태에 준하는 생태적 기능성에 도달하는 측면, 셋째, 인간의 개입을 최소화한 자립적 체계를 지향한다는 측면이다.[11] 즉 리와일딩의 모든 정의가 이를 담고 있지는 않지만 이 세 가지 의미가 다 있어야 진정한 리와일딩이라 할 수 있다. 가령 면적 및 공간 규모에 대한 고려나, 과거의 어느 시점으로 돌아가야 한다든가, 특정 생물 분류군에 대한 강조 등도 때에 따라 자주 등장하는 성분이지만 필요 조건은 아니라는 것이다. 그렇다면 지금까지 논의된 모든 사항을 바탕으로 여기서도 나름의 정의를 내려보자.

리와일딩이란, 인간의 직간접적 영향으로 훼손된 생태계가 다시 온전해지도록 종의 도입(또는 재도입) 또는 무개입을 통해 상실 또는 저하되었던 각종 생태적 원리(기전)를 복원시키면서 궁극적으로는 인간의 관리 및 간섭을 최소화하는 일이다.

여기서 한 가지가 눈에 띈다. 바로 '종의 도입(또는 재도입)'과 '무개입' 간의 차이다. 상당한 자본과 기술력으로 대형 포식자나 초식 동물을 멀리서 데려오는 것이 전자이고, 그야말로 손 놓고 아무것도 하지 않는 철저한 방치가 후자라면, 이 두 가지의 엄청난 차이를 가지고서 어떤 개념을 정의하는 같은 문장 안에 나란히 놓을 순 없지 않은가? 사실 리와일딩의 스펙트럼에 서로 이토록 다른 성격의 행위들이 포함된 것이 리와일딩을 둘러싼 혼란의 주요 원인 중 하나다. 그러나 여기에도 나름의 이유가 있다. 하나는 엄청난 수준의 개입인 데 반해 다른 하나는 완전한 무개입으로 개입 정도의 극단적 차이가 있어 보이지만, 둘 다 생태계의 원형을 지향한다는 점에선 같은 철학적 기반에 있다고 볼 수 있기 때문이다. 궁극적으로 인간의 관리와 간섭을 최소화한다는 점에서 우선 무개입의 상황을 상정해 보자. 전혀 개입하지 않으면서 어떤 곳의 생태계의 복원을 지향한다는 것은 가만히 놔두면 자연의 힘이 저절로 미칠 것이라는 사실을 전제로 한다는 것이다. 인간은 뒤로 물러나 있지만, 꽃가루와 씨앗이 날라 들어오고, 수분과 무기물이 공급되고, 동식물이 찾아와 영향 활동을 하고, 누군가는 둥지를 틀고 번식할 것이라는 전제들이다. 이 힘들이 작동하지 않거나 자연의 손길이 미칠 수 없을 정도로 극단적으로 고립되어 있다면 무개입만으로 생태계가 복원되긴 불가능하거나 무척이나 어려울 것이다.

가만히 놔두면 자연은 알아서 찾아온다. 단, 한 가지만 제외하고. 바로 대형 포식자 또는 초식 동물 같은 동물들이다. 인간이 그 수를 너무나 줄여 놓거나 없애서, 너무나 많은 장애물을 만들어 놔서 절대로 그들이 스스로 세계 각지에 도달할 수 없는 동물들 말이다. 가령 아무리 손 놓고 국토가 자연화되는 것을 허락하더라도, 우리가 돕지 않으면 호랑이, 표범, 늑대, 대륙사슴 등이 제 발로 대한민국으로 돌아오는 일은 일어나지 않는다는 것이다. 군사 분계선은 물론, 전국을 잘게 쪼갠 도로와 촘촘한 철조망을 모두 통과할 수 있는 능력을 갖춘 종은 없다. 원래는 이러한 동물들도 알아서 찾아오는 것도 '저절로 미치는 자연의 힘'의 일부였다. 지구상에서 이동이 자유롭던 옛날 옛적에 말이다. 그러나 지금은 아니다. 그래서 이들에 한해 인위적인 조치가 필요하다는 것이다. 씨앗은 바람이 담당한다면 포식자는 인간이 그 역할을 하겠다는 뜻이다. 그런 의미에서는 종의 도입과 무개입도 같은 연장 선상에 놓일 수 있는 서로 다른 두 지점인 것이다.

리와일딩의 정의가 이와 같다면, 실제 현장이나 개별 사례들에서 사용되는 리와일딩의 의미는 이보다는 다소 다양하게 나타난다. 리와일딩은 크게 네 가지 의미로 주로 쓰이는데[12, 13] 이들이 서로 엄격하게 다른 것은 아니며 강조점에 차이가 있는 정도로 보는 것이 타당하다. 첫째는 영양적 리와일딩(trophic rewilding)*이다. 어떤 생태계에서 없어진 영양 단계를 복원하고 영양 단계 간 상호 작용을 다시 활성화하고자 하는 리와일딩이다.[14] 근과거에 사라진 대형 포식자나 초식 동물을 도입하는 활동이 주인 경우가 모두 이에 해당된다. 옐로스톤 국립 공원 늑대처럼 리와일딩의 세계에서 가장 잘 알려진 프로젝트가 대표적인 영양 리와일딩의 예이다. 영양적이라는 말은 먹고 먹히는 포식/피식 및 초식 행동을 의미하지만, 먹이 행동이 아닌 진흙 목욕이나 굽으로 밟는 행동 등의 영향도 모두 포함하는 개념이다.

둘째는 홍적세 리와일딩(Pleistocene rewilding)이다. 홍적세 말

---

* 영양 단계(trophic level)를 복원한다는 의미의 리와일딩.

기에 일어난 대멸종으로 인해 사라진 생태적 기전들을 복원하는 리와일딩이다.[15] 이 역시 영양적 상호 작용의 복원을 목포로 하지만 약 1만 3000년 전~4만 년 전의 대멸종 시기를 특정한다는 점에서 시간적 기준이 매우 중요한 점이 특징이다. 복원 생태학과 리와일딩의 차이 중 하나가 과거의 상태에 대한 충실도라는 점을 상기한다면 조금 이례적인 리와일딩이라 할 수 있다.

셋째는 수동적 리와일딩(passive rewilding)이다. 인간이 아무것도 능동적으로 하지 않고 자연에 완전히 맡기는 리와일딩이다. 주로 농촌의 인구 소멸 지역에서 방치된 땅에서 일어나는 자연 회복을 의미한다. 모든 리와일딩은 궁극적으로 인간의 개입을 최소화하고자 하지만 그중에서도 그 원칙에 가장 충실한 리와일딩 형태라 할 수 있다.

넷째는 생태적 리와일딩(ecological rewilding)이다. 생태적 기전, 특히 자연 천이 등의 과정이 제대로 돌아오도록 하는 리와일딩이다. 물론 영양적 기전도 모두 생태적인 기전이지만, 종 도입이라는 능동적인 개입보다는 생태적 기전을 최대한 허용하는 데에 초점을 맞춘 것이 특징이다.

이 외에도 이주 리와일딩, 포획 동물을 다시 풀어 주는 리와일딩, 도서 지역 분류군 대체 리와일딩, 도시 리와일딩 등 여러 의미가 혼용되고 있다. 너무 여러 가지라고, 그래서 문제라고 혹자는 말한다. 실은 리와일딩이 불필요한 혼란을 일으키고 남용되고 있어서 아예 사용 중단 또는 폐기되어야 한다는 주장을 하는 목소리도 상당하다. 대표적으로 리와일딩이 '가소적 용어(plastic term)'라고 비판한 한 연구에서는 1999~2013년에 여섯 가지 서로 다른 의미가 마구 섞여 쓰이고 있음을 분석했다.[16] 한마디로 필요에 따라 마음대로 변형해서 쓴다는 점에서 가소적이라는 뜻이다. 특히 리와일딩이 학계의 테두리를 벗어나 대중문화에서도 점차 확대되면서 그 의미는 더욱 다양해지고 있음을 저자는 지적한다. 또 다른 학자들은 리와일딩이 보전 생물학 분야의 새로운 '판도라의 상자'라며 각별한 주의가 필요하고, 리와일딩이 표방하는 생태학적 근거, 가령 포식자가 먹이 동물 개체군을 하향적으로 제어하는 기능이 실제로 있는지에 대한 근거 등이 불충분하다는 비판을 제기하기도 했다.[17] 이들은 현대 과학의 한계를 감안하면 리와일딩이 가장 중요하게 여기는 생태적 기능보다 생물 다양성에 초점을 맞춰야 한다고 주장한다. 이제는 이른바 자기 계발서에 가까운 수많은 책들조차 리와일딩이라는 제목을 달고 출판되는 상황임을 보면 나름 일리 있는 시각이다.

그러나 동시에 아무런 공통 분모도 없는 의미들이 난립하기만 하는 것은 아닙니다. 제아무리 리와일딩을 제각기 해석하고 있더라도 어떤 공통된 속성이 그 많은 리와일딩의 버전들을 관통하고 있다. 그것은 바로 '비인간 자율성(non-human autonomy)'이 중추적인 위치를 차지한다는 사실이며 이것이 기존의 여러 보전적 접근법과 근본적으로 차별화되는 점이다.[18] 어쩌면 사람들이 리와일딩에 열띤 반응을 보이는 가장 핵심적인 지점이 그동안 인간이 손에 꽉 쥐고 있던 주도권을 내려놓고 자연의 자율성에 모든 것을 맡긴다는 측면인지도 모른다. 야생은, 그 궁극적 권력의 이양을 가장 잘 포착한 단어라 할 수 있을 것이다. 비인간 자율성은 꼭 동물만 의미하진 않는다. 심지어는 생물이 아닌 물과 습지에 대한 우리의 자세의 변화도 포함된다. 가령 리와일딩 움직임은 강에 대한 인식도 바꿔 놓고 있다. 특히 강의 흐름을 통제하던 제방이나 둑과 같은 시설에 대한 비판과 반성이 커지는 것이 그 증거다. 일례로 2023년은 유럽에서 가장 많은 댐이 제거된 한 해였는데, 15개국에 걸쳐 무려 478개의 댐이 제거되었다.[19] 이러한 움직임은 비버와 같은 습지 동물의 리와일딩과 동시대에 벌어지고 있는 현상으로서 비인간 자연의 자율성에 대한 공감대가 얼마나 널리 퍼지고 있는지를 실감하게 하는 대목이다. 또한 약간의 무질서와 혼란의 이면에는 그만큼의 관심과 공감대가 있다는 반증일 수도 있다. 어떤 학자는 오히려 리와일딩의 다양한 의미는 급부상하는 이 환경적 현상에 대한 폭넓은 관심을 이해하게 하며, 리와일딩은 몇 가지 연관된 의미가 공존하는 '클러스터 개념'이라고 주장하기도 한다.[20] 또 어떤 이들은 리와일딩이 가진 흐릿함은 경계를 넘나들어 논의하는 것을 가능케 하며 그런 의미에서 '힐링'이나 '복원'과 같은 단어보다 낫다고 평가한다.[21] 인기에 수반되는 혼선은 보기에 따라 부정적일 수도 긍정적일 수도 있는 것이다.

현재 모든 논란이 일단락되었거나 승패가 확실히 갈린 상황은 아니다. 여전히 리와일딩에 대한 비판적인 시선은 존재하며, 더 많은 나라와 문화권에 리와일딩이 도달하면서 그 해석과 용법도 날로 늘어가고 있다. 그러나 이제 그 물결은 막을 수 없다. 리와일딩은 대세가 되었고 점점 더 퍼져 나가고 있다. 영국의 《가디언》은 2022년이 리와일딩이 주류화된 해였다고 선언하기도 했다.[22] 여러 가지 소식과 움직임이 있었지만, 이해에 리와일딩 유럽의 10번째 프로젝트가 개시되었던 것이다. 스페인 동부의 무려 85만 헥타르 면적의 땅에 스라소니, 검독수리, 야생마가 다시 돌아오도록 하는 20년짜리 대형 사업이다.[23] 좋든 싫든 리와일딩은 이제 우리 앞에 당도했다. 좋아하는 쪽의 가장 선두에 선 사람 중 하나가 바로 나다. 이제 우리만의 리와일딩을 고안하고 시작할 때다.

5장
궁극의 야생 동물 늑대

늑대로 인해 형성된 '두려움의 경관'으로
사슴은 늘 경계하며 생활해야 한다.

얼굴이 있는 대상은 기억하기 쉽다. 좀처럼 어려운 추상적인 개념도 어떤 외형적 실체와 연관 지을 수 있으면 이해도 더 잘 된다. 리와일딩도 마찬가지이다. 그리고 리와일딩을 대표하는 얼굴의 주인공은 단연 늑대다. 야생 동물 하면 무엇이 떠오르냐고 물으면 많은 이들이 선뜻 답하길 망설인다. 사실 주변의 까치, 개미, 청설모도 다 야생 동물이지만 그 사실을 환기하면 사람들은 수긍은 하지만 뭔가 살짝 미진한 듯한 반응을 보인다. "걔네도 야생 동물이긴 하지……쩝." 하지만 늑대를 언급하는 순간 분위기는 바로 바뀐다. "아, 그렇지. 늑대라면 이야기가 다르지……."

밤하늘을 가르는 을씨년스런 울음소리, 뚫어져라 사냥감을 노리는 노란 눈동자, 절대로 길들일 수 없는 광폭함. 늑대는 말 그대로 궁극적 야생 동물의 전형이다. 사회 문화적으로 늑대보다 더 악마화된 동물도 아마 찾아보기 힘들 것이다. 그런데 어쩌면 그러한 '오명'이 역설적이게도 늑대가 리와일딩의 의미를 가장 잘 체화한 동물이 되는 데 결정적으로 기여했는지도 모른다. 그 강렬한 야생성이 먹잇감의 목숨은 앗아 가도, 더 큰 자연을 회복시키는 힘을 발휘한다는 역설을 가장 극명하게 보여 주니 말이다.

리와일딩의 매력은 기존 야생의 의미를 전복시킨 데에 있다. 지금까지 야생은 거칠고, 위험하고, 생명을 해하거나 죽이는, 한마디로 두렵고 나쁜 어떤 힘이었다. 그러나 바로 그 같은 힘이 오히려 생태계의 모든 일원이 조화롭게 살 수 있게 균형을 잡아 주는 놀랍고 좋은 힘으로 완전히 새롭게 변신한 것이다. 날카로운 발톱과 이빨은 더는 포악한 짐승의 무기가 아니라, 이제는 생태적 질서를 유지하고 생명의 다양성을 수호하는 정의로운 통치의 상징이다. 대형 포식자와 같은 위험하고 부담스러운 동물이 애초에 왜 이 세상에 존재해야 하는지, 그 오래된 질문에 대한 답을 지금에 와서야 겨우 하지 시작한 셈이다. 말하자면 포식자의 존재와 포식 행위 자체를 재조명하고 있는 패러다임이 바로 리와일딩이다. 그리고 그 어떤 동물보다 큰 폭의 명예 회복을 한 종이 다름 아닌 늑대다. 그래서 5장에서는 늑대를 중심으로 포식 행위가 리와일딩에서 갖는 의미와 중요성에 대해서 다루고자 한다.

미국 와이오밍 주에 위치한 옐로스톤 국립 공원은 세계 최초의 국립 공원이다. 지금은 익숙한 국립 공원이라는 개념이 1872년에 처음 탄생했을 당시에는 매우 앞서 나가는 시도였다. 자연 보전에 대한 의식이 성장함과 더불어 1970~1980년대에 생태학이 크게 발전하면서 국가 정책에도 반영되었고, 생태학적 이론과 접근법은 옐로스톤 내의 생태계를 바라보는 시선에 많은 영향을 주었다.[1] 늑대는 20세기 초에 대거 퇴치되었는데 1914~1926년에는 최소 136개체가 사냥되었고[2] 마지막 늑대가 1926년에 사살되었다.[3] 그러자 늑대의 빈자리가 생태계에 끼치는 영향이 곳곳에서 나타났다. 특히 엘크 수가 많아지면서 사시나무, 미루나무, 버드나무 군락이 쇠퇴하고 있다는 보고가 잇따랐고, 알도 레오폴드도 늑대 복원을 1940년대에 거론하기도 했다.[4] 1960년대가 되면서 비대해진 엘크 개체군의 여파에 대한 논의가 본격화되었고, 드디어 1995년 겨울에 약 70년 전에 사라진 늑대가 옐로스톤에 다시 발을 딛게 되었다.[5] 그해 1월 12일캐나다 앨버타 주에서 이주해 온 늑대 8개체로 새 역사가 시작되었다.[6] 이듬해까지 총 41개체가 캐나다와 미국 북서부 몬태나 주에서 포획되어 옮겨졌다.[7] 빠르게 적응한 늑대들은 1998년에는 11개 무리의 112개체로 늘어났고[8] 2005년에는 전체 개체군이 300마리를 능가하기에 이르렀다.[9] 2024년 현재는 다소 줄어 최소 124개체가 10개의 무리를 지어 서식한다.[10]

한때 전부 없애 버린 늑대가 채 100년도 되지 않아 다시 돌아와 성공적으로 정착했다는 사실만으로도 놀라운 일이었다. 박멸에서 복원으로 180도 방향을 튼 인간의 행보 또한 괄목할 만한 것이었다. 하지만 진짜 스펙터클은 이제 막 시작되고 있었다. 늑대를 복원하기로 한 결정은 엘크의 수를 줄여 그들이 식생에 주는 악영향을 줄이려는 의도가 이미 들어 있었다. 그 정도의 생태적 여파는 예상했다. 그러나 늑대의 귀환이 일으킨 효과는 그런 예상을 훨씬 뛰어넘는 변화를 가져왔다. 변화의 종류, 정도, 다양성, 그리고 연쇄 효과는 실로 엄청났다. 늑대의 오래된 부정적인 이미지를 완전히 뒤바꿔 놓을 만한 변화였다.

잡아먹는 자와 잡아먹히는 자. 이 둘 간의 관계는 단순해 보인다. 어떤 의미에선 그렇기도 하다. 그러나 생태적 맥락에서 포식-피식 관계를 어떻게 보느냐에 따라 그 양상은 매우 달라진다. 예전 학창 시절에 생물 교과서에서 보았던 먹이 피라미드를 떠올려 보자. 맨 밑에 생산자인 식물이 가장 많고, 그 위에는 1차 소비자인 초식 동물이 두 번째로 많고, 이어서 2차, 3차 소비자가 점점 작아지는 순으로 포개진 모형 말이다. 이 모형에는 아래 단계가 위 단계를 '결정'한다는 생각이 함의되어 있다. 가령 식물의 생물량에 따라 1차 소비자의 생물량이 결정한다는 식이다. 생태학에서는 전통적으로 빛, 영양분, 물 등의 인자가 1차 생산량을 결정하고, 1차 생산량은 그 위 단계를 결정하고, 같은 방식으로 최상위 단계까지 조절된다고 여겨 왔으며 이를 상향 조절(bottom-up control)이라 부른다.[11] 생태계는 기본적으로 이 상향 조절에 의해 큰 틀이 정해지는 것이라 할 수 있다. 즉 늑대가 엘크를 잡아먹어 개체수에 어느 정도 영향을 준다는 건 자명했지만, 엘크 개체군을 궁극적으로 조절하는 것은 식생이라는 생각이 당시에는 지배적이었다. 옐로스톤 국립 공원도 주기적으로 하던 엘크 사냥을 1967년에 중단하고 식생과 엘크 간 상호 작용에 의해 '자연적으로 조절'되도록 하는 시기를 두었다.[12] 그런데 늑대의 부재는 이 상향 조절이 다가 아니라는 것을 보여 주었다. 그리고 늑대의 귀환은 정반대의 힘을 드러내 주었다. 바로 하향 조절(top-down control)이다.

생태계 최상위에 위치한 늑대는 엘크 및 기타 먹이 동물과, 먹이 경쟁 관계에 있는 동물을 죽이거나 분산시켰다. 그 결과 수많은 종의 동식물이 번성했고 전반적으로 생물 다양성과 생태계의 기능이 회복되었다.[13] 공석이었던 'top'이 다시 채워지자 'bottom'으로 그 영향력이 퍼지는 하향 조절이 다시 작동하기 시작한 것이다. 우선 간략하게 큰 그림을 살펴보자. 늑대가 돌아오자 엘크의 수가 줄었고 무엇보다 행동이 변화하기 시작했다. 늑대에게 잡히기 쉬운 곳을 꺼리기 시작했다. 더는 마음 놓고 먹는 일은 불가능했고, 경계 행동의 비율이 높아지고, 한곳에 머무르는 대신 더 자주 옮겨 다니며 먹이를 먹었다. 엘크의 먹이 행동 양상이 달라지면서 식생이 받는 영향이 달라졌다. 자라는 족족 다 뜯기는 대신 엘크의 입이 놓치는 식물, 묘목 중 나무로 성장할 기회를 얻은 개체가 늘어났다. 뜯어 먹는 행동이 예전보다 약화되고 산발적으로 벌어지면서 경관 전체의 조성도 다양해졌다. 이는 서식처와 먹이원의 증가를 의미했고 수많은 중소형 동물들이 이에 반응하며 돌아오거나 늘어났다. 특히 비버의 복귀는 수변 생태계를 더더욱 회복하고 윤택하게 만들었다. 엘크의 먹이 행동 변화와 식생의 재생이라는 경로를 통해서만 늑대의 영향력이 발휘된 건 아니었다. 늑대는 코요테와 같은 중형 포식자를 직접 잡아먹어 그들의 수를 줄였다. 그러자 코요테의 사냥에 시달리던 각종 설치류와 조류가 회복되었다. 또한 늑대가 먹고 놔둔 엘크의 사체가 연중 더 고르게, 더 여기저기에 분포하면서 사체를 먹는 동물들에게 먹을거리가 더 많아졌다. 결국 공원 전체의 경관마저 더 풍성하고, 안정되고, 다양해졌다.

돌아온 늑대의 이 눈부신 생태적 활약상은 오늘날 전설과도 같은 지위를 누린다. 전설같이 유명하고 강력한 힘을 발휘하지만, 전설은 아니다. 그 이유는 그것이 허구가 아닌 사실이기 때문이다. 화자에 따라 다소 과장 및 단순화되는 경우도 있고, 학문적인 논란이 없는 것도 아니다. 그러나 옐로스톤 늑대가 일으킨 파장은 수많은 연구와 자료로 기록 및 증명된 엄연한 과학적 현상이다. 이 사례의 이야기 자체가 놀랍고 화려하고 극적이라는 점도 있지만, 그것이 전 세계적으로 일으킨 리와일딩의 붐에 힘입어 전설화된 측면이 크다. 많이 알려지고, 회자되고, 영감의 원천이 되다 보면 그 과정에서 어느 정도 내용의 왜곡 및 변화는 불가피하다 할 수 있다. 잘못 이해, 인용, 적용하는 사례들은 수정되어야 마땅하다. 그러나 여진이 미치는 곳곳에서 전설로 추앙한다고 해서 그 파장의 진원지가 부정될 수는 없다. 오히려 더 잘, 더 제대로 알려져야 한다. 앞에서 큰 그림을 살펴보았으니 이

제 더 자세히 들여다보도록 하자. 늑대의 귀환은 구체적으로 어떤 일들을 어떻게 일으켰는가?

먼저 가장 기초가 되는, 엘크가 받은 영향을 살펴보자. 우선 늑대가 돌아오자 엘크의 수가 크게 줄었다. 늑대 재도입 전인 1990년대 초, 많을 때는 1만 5000마리가 넘던 엘크는 2010년에 6,100마리로 급감했다.[14] 재도입 후 관찰된 모든 늑대 사냥감의 80퍼센트가 엘크일 정도로 주요 먹이원이었으며 엘크 개체군은 재도입 이전 평균치 대비 약 18퍼센트가 감소했다.[15] 그전까지 인간이 엘크를 조절했을 때엔 번식 능력이 높은 성체를 많이 사냥했던 반면, 늑대는 주로 어리거나 늙은 개체를 노렸음에도 일어난 결과였다.[16] 엘크 수의 현격한 감소는 그 자체만으로도 환경에 큰 영향을 주었다. 늑대가 엘크에게 일으킨 변화는 첫째 개체수 감소, 둘째 행동 변화라는 두 가지 경로로 요약되는데 그 어느 것이 더 중요하다고 단언하기 어려울 만큼 모두 중요한 인자다.[17] 행동의 변화는 바로 나타났다. 엘크는 늑대에게 잡히기 쉬운 골짜기나 협곡을 피했고,[18] 대신 더 높은 고도, 덜 개방된 서식지, 더 가파른 경사면을 선택했다.[29] 강변에서도 예전만큼 마음 놓고 있을 순 없었다. 무엇보다 경계 행동이 늘어났다. 늑대 재도입 직후에 벌어진 연구에선 늑대가 있는 곳과 없는 곳

각각에 사는 엘크와 바이슨을 조사했는데, 늑대가 있는 곳의 암컷 엘크들의 경계 행동이 높게 나타났고 이는 해가 지날수록 증가했다.[20] 고개를 들어 예의주시하며 주변을 살피는 경계 행동을 하면, 그만큼 먹이 행동을 할 수 없다. 게다가 경계는 어쩌다 한 번씩 해서 될 일이 아니다. 계속해야만 한다.

여기서 주요 개념이 등장한다. 포식자를 재도입하는 리와일딩의 핵심 개념 중 하나이자 그에 따른 생태적 복원의 원리를 설명하는 기전이기도 하다. 바로 '두려움의 경관(Landscape of Fear)'이다. 동물들이 살아가는 실제 물리적 경관에 중첩된 또 하나의 정신적 세계, 나를 위협하는 동물이 저기 어디엔가 있다는 사실을 인지한 상태에서 바라보는 경관인 것이다. 그런 존재가 있고 없고는 정녕 하늘과 땅 차이다. 대형 포식자가 모두 사라진 한국에선 제아무리 깊은 산속으로 들어가도 내가 누군가의 밥이 될 걱정일랑 없다. 그래서 우리는 생물적 위협에 대한 경계를 완전히 푼다. 날씨, 지형, 사람은 여전히 위험 요인이다. 하지만 이들은 나와 생태학적 관계성을 가진 경계 대상이 아니다. 그래서 경관에 투사되지 않는다. 그러나 다른 모든 것을 제치고 내게 초점을 맞추고 나를 노리는 존재가 있는 순간 모든 것이 달라진다. 공간 전체에 그가 분산적으로 존재하기 때문이다. 앞에서 인용한 경계 행동 연구에서 이 '두려움의 경관' 개념을 처음 제시했는데, 잡아먹히는 동물이 서식지 내에서 인지하는 피식 위험성의 공간적 차등을 의미한다.[21] 인지하는 위험이 공간에 따라 달라지기 때문에 공간에 따라 행동이 달라진다. 그러면 결국 그 공간이 달라지게 된다.

사냥을 재개한 돌아온 늑대, 늑대를 인지한 상태에서 사는 엘크, 그러다 보니 좀 더 살 만해진 식물들. 이는 생태적으로 세 단계에 걸쳐 일어나는 연쇄 반응이다. 먹이 피라미드 맨 위에서 시작되어 아래 단계로 차례차례 전달되는 어떤 영향력이다. 시각적으로 형상화한다면 마치 폭포와도 같다. 산의 계곡에서 만나는 마치 계단 같은 모양을 한 석벽 폭포를 상상해 보라. 내려오는 물은 아래 돌에 부딪히며 일부는 흩어지고 일부는 흘러내리고, 그 아래 돌에서도 똑같이 반복된다. 그래서 실제 생태계에서 영양 단계 가장 위의 동물이 갖는 영향력이 아래 단계로 전해지는 양상을 '영양 폭포(trophic cascade)'라 부른다. '영양'이라는 말이 붙은 이유는 생태계의 각 단계를 에너지의 구간으로 해석하기 때문이다. 영양 폭포는 앞에서 언급한 하향 조절의 힘이 일으키는 여파다. 즉 하향 조절로 인해 바로 밑 단계뿐 아니라 그 아래 단계들까지 간접적으로 영향을 미친다는 것이다. 영양 폭포 개념은 1960년대에 처음 제기되었고 많은 사례가 연구되면서 하향 조절, 두려움의 경관과 함께 리와일딩의 핵심으로 자리 잡게 되었다.[22] 최상위 포식자가 먹이 그물을 통해 그 영향력을 여러 갈래로 멀리 미치는 각종 사례가 보고되면서 이제는 포식자뿐 아니라 초식 동물이 일으키는 영향력을 포함하는 개념으로 확대되었다.[23] 실제로 몸무게가 150킬로그램 이상 나가는 대형 초식 동물은 성체가 사냥을 당할 가능성이 극히 적어 그들의 수는 대부분 상향 조절될 정도로 생태계 내에서 독특한 위치를 점유한다.[24] 또한 몸집이 훨씬 작은 육지거북이나 조류로부터 파생하는 영양 폭포도 최근 많은 각광을 받고 있다.

다시 늑대로 돌아와 보자. 옐로스톤 국립 공원의 식생 중 늑대에게 영향을 받은 주요 세 종의 나무가 있다. 바로 사시나무, 버드나무, 미루나무다. 사시나무, 정확히 말해 북미사시나무(*Populus tremuloides*)는, 옐로스톤 국립 공원에서 차지하는 면적은 4~6퍼센트에 불과하나 이 지역의 유일한 낙엽수림 종으로서 다른 생물의 서식지를 제공한다는 점에서 생태적으로 매우 중요하다.[25] 공원에서 지난 약 100년 동안 계속해서 감소해 온 사시나무는 엘크가 특히 겨울철에 주로 찾는 먹이인데 뿌리에서 직접 돋아나는 흡지(吸枝, sucker)를 뜯어 먹어 나무로 생장하는 것을 저해한다.[26] 사시나무는 씨앗 발아가 무척 드물고 기존 나무들의 공통 뿌리 시스템에서 유전적으로 동일한 클론이 자라나는 방식으로 주로 숲을 형성하는 나무다. 사시나무 감소에는 여러 요인이 있겠지만 가장 주된 원인으로 단연 엘크의 초식 활동이 꼽힌다. 그런데 흥미로운 점은 늑대 재도입 이전에 사냥으로 엘크의 수를 줄이던 시절에도 여전히 사시나무는 계속 감소했다는 사실이다.[27] 그냥 엘크의 개체수가 줄어드는 것만으로는 사시나무가 되살아나지 못했던 것이다.

상황은 늑대의 귀환 이후로 변하기 시작했다. 첫 늑대가 돌아온 지 4년 만에 수행한 연구에선 늑대 출연율이 높은 곳과 낮은 곳 간의 사시나무 흡지 높이를 조사했다. 그 결과 수변을 포함한 습한 서식지 중 늑대 출연율이 높은 곳에서 흡지의 평균 높이가 높게(49.3센티미터) 나타났다.[28] 즉 늑대로 인한 위험이 높은 곳에서 사시나무의 재생이 더 원활하게 일어나고 있는 것이었다. 사시나무 생장과 더불어 조사한 것은 엘크의 똥이었다. 조사한 나무줄기 주변에 있는 엘크 똥의 수를 세어 비교한 결과, 늑대 출연율이 높은 곳일수록 엘크의 똥이 적었다.[29] 같은 종의 식물 군락 안에 있었지만, 늑대의 존재감이 높은 곳에서는 머무는 시간을 줄인 것이었다. 2012년이 되자 전체 군락의 4분의 1에서 2미터 이상의 나무가 최소 5그루 이상 나타났다.[30] 2010년에 실시한 다른 연구에서 사시나무 약 490그루를 조사한 결과 2미터가 넘는 개체가 무려 289그루에 달했다.[31] 나무가 높이 2미터면 엘크의 입으로부터 안전하다.

버드나무도 늑대 재도입 이후 달라진 양상을 보였다. 엘크의 초식으로 성장이 저해되었던 국립 공원 북부의 버드나무 군락들은 17개 지역에서 나이테 넓이를 조사한 결과 늑대가 돌아오고 나서 모두 크게 성장했다.[32] 나무의 생장률은 기후나 고도 등의 여타 환경 요인으로 설명되지 않았고 늑대로 인한 영양 폭포의 영향이 주원인으로 지목되었다. 피도도 약 2배 증가했고,[33] 점점 많은 개체가 엘크로부터 안전한 높이에 접근했다.[34] 특히 골짜기 강변의 버드나무에서 집중적으로 높이 성장이 일어났는데 이러한 현상은 엘크가 뜯어 먹은 줄기의 비율과 역의 상관관계를 나타냈다.[35] 즉 노출되어 위험성이 높은 서식지의 버드나무는 다른 서식지에 비해 잘 자랐고, 그것은 엘크가 덜 먹을수록 더 잘 자랐다. 특히 강과 같은 수변의 식생에서 회복세가 뚜렷했다. 수변의 식생에 대한 여러 연구를 종합해서 보니 총 24편 논문 중 단 2편만 제외하고 전부 높이, 줄기 지름, 피도 등의 증가가 발견되었다.[36] 다른 종에 비해 주기적인 범람이 초기 성장에 중요한 미루나무 역시 늑대 재도입 후부터 뜯어 먹힌 줄기의 비율이 낮아지고 높이는 증가하기 시작했다.[37] 옐로스톤 국립 공원의 주요 3종의 나무가 모두 멈칫하던 생장에 박차를 가하고 있었다.

나무가 억제되었던 잠재력을 펼치자 이제 다른 동물들이 반응할 차례가 되었다. 엘크와의 경쟁이 줄면서 바이슨이 북부 지역에서 4,000마리 이상으로 그 수가 크게 늘었다.[38] 바이슨도 늑대의 먹이이긴 하지만 몸집이 크고 힘이 세 훨씬 사냥하기가 어려워 엘크가 충분한 상황에서는 거의 노리지 않는다.[39] 버드나무가 자라나면서 더 풍족해진 서식지 덕에 노랑목솔새, 노랑눈썹솔새 등의 조류들이 증가했다. 조류 다양성과 수가 늘어난 원인을 조사해 보니 자라난 식생의 높이 다양성이 가장 중요한 인자임이 드러났다.[40] 즉 나무가 커지면서 생기는 수직적, 삼차원적 공간의 다양성이 새들의 서식지를 확충한 것이었다. 게다가 이 새들은 하나같이 아름다운 소리를 내는 명금류들이라 숲이 노랫소리로 다시금 가득 찼다.

한때 헐벗었던 수변의 식생이 풍성해지고 안정화되면서 그늘과 은신처가 늘어나면서 수온이 낮아지고 어류상도 달라졌다.[41] 수변 나무들이 커지자 습지 생태계의 가장 중요한 동물로 손꼽히는 비버가 돌아왔다. 비버는 1900년대 초까지 많은 수가 있었지만 과도한 엘크 초식의 영향으로 그 수가 급감했다. 늑대 복귀 전후로 비버를 재도입하는 움직임이 있었지만 그 수가 매우 낮게 유지되다 2015년에 이르자 총 18개의 비버 콜로니가 발견될 정도로 그 수가 크게 늘어났다.[42] 비버는 일명 '생태계 공학자'로 불리는 동물이다. 비버가 자르는 나무, 그것으로 짓는 댐, 그로 인해 다양해지는 물길 등에 의해 수변 생태계 전체를 변화시키기 때문이다. 비버는 강의 흐름을 변화시키고, 나뭇가지를 물속으로 끌어들이고, 굴을 파고, 수변 나무를 쓰러뜨리며 단순했던 물길을 복잡다단한 습지로 변모시킨다. 비버의 '손길'이 미치면 수변의 초본성 식물 다양성이 무려 33퍼센트 이상 증가한다.[43] 늘어난 비버 덕에 강변은 안정화되었고 침식이 줄고, 하천이 여러 갈래와 유속으로 흐르면서 물웅덩이와 살여울도 많아졌다. 습지가 서식지로서의 제모습을 찾으면서 물밭쥐, 수달, 오리, 개구리, 물고기, 곤충 등 수많은 종의 생물이 돌아오기 시작했다.[44] 비버는 나무를 자르긴 하지만 나무 밑동을 통째로 자르는 경우는 거의 없으며 주로 가지를 공략하기 때문에 비버의 '가지치기'를 겪은 나무들의 80퍼센트가 생존한다.[45] 비버는 버드나무를 자르고 먹지만, 역설적이게도 버드나무는 비버의 덕을 본다. 버드나무가 가장 잘 자랄 수 있는 조건은 뜯어 먹히지 않는 것만이 아니라, 비버의 댐이 주변에 있어서 전체적으로 수면이 상승했을 때 가장 높은 생장률을 보이기 때문이다.[46] 수변 생태계의 부활은 늑대와 비버의 합작품이었던 것이다.

늑대의 부재로 전에 없던 기회를 얻었던 대표적인 동물이 코요테다. 최상위 포식자인 늑대가 사라지자 그 영향력으로부터 해방되어 더 많은 수의 코요테가 더 많은 소형 동물을 사냥했다. 이러한 현상을 두고 '중형 포식자 해방 가설(mesopredator release hypothesis)'이라고 부른다. 즉 코요테 개체군을 제어하는 늑대가 사라지면서 생태계에서 중간 크기의 포식자들의 수와 영향력이 증가하는 현상을 말한다. 실제로 미국에서 늑대가 사라진 뒤 코요테의 포식으로 인해 수많은 포유류, 조류, 파충류가 큰 타격을 받았다.[47] 늑대는 코요테보다 몸집이 크고 힘이 세 두 종이 만나면 전체 91퍼센트가 늑대의 우세로 결론이 난다.[48] 사라졌던 늑대가 돌아와 코요테를 사냥하고 코요테의 수와 영향력이 줄자 코요테에게 시달리던 토끼류, 설치류 및 작은 조류가 늘어나기 시작했다. 이는 여우, 오소리, 족제비, 매 등의 동물에게 더 많은 먹이를 의미했다. 또한 가지뿔영양도 코요테에게 새끼를 잃는 일이 줄었다.[49] 말하자면 늑대가 없는 틈을 타 '중간 보스'로 군림하던 코요테였지만, 원래의 질서가 회복되자 그 여파가 생태계의 온갖 동물에게까지 미친 것이다.

그런데 늑대의 복귀가 다른 동물들에게 가져온 어쩌면 더 중요한 효과는 바로 사체의 제공이다. 다른 모든 포식자들이 그렇듯, 늑대는 엘크를 사냥해서 먹지만 그 일부만 섭취한 다음 버리고 그 자리를 떠난다. 그러면 그 사체는 다른 수많은 동물들의 차지가 된다. 실제로 자연에는 사체에 의존해 사는 동물이 무척 많다. 엘로스톤 국립 공원에 늑대가 먹다 버린 엘크 사체가 늘면서 대머리독수리, 갈까마귀, 까치 등 사체 처리 동물이 더 많은 먹이를 누리게 되었다.[50] 사체 전담은 아니지만 기회가 되면 먹는 울버린(wolverin, *Gulo gulo*),* 퓨마, 그리고 곰도 혜택을 입었다.[51] 곰은 사체뿐 아니라 엘크의 초식 감소로 늘어난 베리류 열매의 덕도 본 것으로 추정된다.[52] 더 많은 사체를 제공함과 더불어 늑대는 사체를 시간적으로 더 골고루 제공했다. 늑대가 없을 땐 엘크의 주요 사망 원인은 적설량이었다. 그래서 눈이 많이 내리는 늦겨울에 제일 많은 수가 죽었고 따라서 사체도 이 시기에 집중되었다. 그러나 늑대는 엘크를 겨울뿐 아니라 연중 사냥함

---

* 족제비과에서 가장 큰 종으로서 북아메리카와 스칸디나비아 등에 서식한다.

으로써 사체를 사계절 내내 꾸준히 공급했다.[53] 이제 엘크 사망의 제1원인은 늑대, 그리고 제2원인은 적설량 등 비생물학적 요인으로 바뀐 것이다. 사체에 의존하는 동물들 입장에서 이보다 더한 호재는 없다.

옐로스톤 국립 공원 늑대의 이야기가 리와일딩의 대표적 사례로 언급되는 이유는 이제 자명해졌을 것이다. 이토록 수많은 동식물 및 생태계 전체, 심지어는 경관에까지 그 영향력이 도달한 것이 관찰, 기록 및 증명되었기 때문이다. 늑대의 재도입 전과 후라는 정확한 비교의 기준이 있는 상태에서, 늑대라는 한 종의 귀환이 가져온 변화를 실시간으로 직접 볼 수 있는 '자연의 실험'이 눈앞에서 펼쳐졌기에 가능했던 일이다.

그런데 그토록 공개된 과정을 거치면서 널리 알려진 사례가 되었던 것만큼, 그에 수반되는 논란도 따랐다. 특히 본 사례가 대중 매체를 통해 알려지면서 마치 늑대가 생태계에 마법과 같은 효력을 미치는 존재가 되어가고 있다는 우려의 목소리가 제기되었다.[54] 학계에서 일어난 논란은 크게 두 가지에 집중되었다. 첫째는 기전에 관한 것이다. 즉 늑대가 돌아오면서 일어난 변화는 분명하지만 영양 폭포 효과 또는 두려움의 경관 등 그 변화의 기전이 명확하게 제시되지 않았다는 주장이다. 늑대의 효과를 증명하는 여러 연구에도 불구하고 구체적으로 어떤 기전을 통해 작동했는지 불분명하다고 그들은 말한다.[55] 또한 일부 연구에서는 늑대 복귀 이후 사시나무 생장이 확인되지 않았으며, 기존 연구에서 상정하고 있는 늑대 분포 확률보다 식물 자체의 생산성이 더 중요한 요인이라고 했다.[56]

둘째 논란은 늑대의 영향력이 밀도 조절을 통해서인지, 아니면 행동 변화를 통해서인지에 대한 것이다. 만약 늑대로 인해 줄어든 엘크의 수 자체 때문에 나무들이 다시 자란 것이라면 이는 밀도 조절을 통한 영향이다. 만약 늑대로 인한 엘크의 행동 변화 때문에 식생의 변화가 일어난 것이라면 이는 행동 변화를 통한 영향이다. 지금까지 옐로스톤 늑대의 사례는 후자인 행동 변화를 좀 더 중요하게 삼았다고 할 수 있다. 특히 두려움의 경관 개념은 바로 이에 착안한 설명이다. 그런데 어떤 연구에서는 늑대의 존재에도 불구하고 엘크의 행동권에 변화가 없었다며, 영양 폭포를 통한 생태적 변화가 있다면 그것은 밀도 조절을 통해서 일어났을 가능성이 높다고 주장하기도 한다.[57] 이 외에도 늑대 말고도 관여하는 다른 인자에 대한 고려가 부족하다는 목소리도 있다. 가령 같은 지역 내에 사는 회색곰이 당시에 변화된 어류상으로 인해 고유 어종이 부족해지자 엘크 사냥을 늘려 개체군 전체에 영향을 줬다는 것이다.[58] 회색곰과 더불어 흑곰도 엘크 새끼 사망률에 크게 기여했고 비슷한 시기에 퓨마의 수도 늘었다는 사실을 감안하면 늑대의 영향력만으로 엘크가 줄었다고 단언할 수 없다고 그들은 지적한다.[59] 이외에도 기존 연구의 방법론에 대한 비판도 여럿 제기되었다.[60]

한 분야의 대표로 손꼽히는 사례로 치면 이 정도의 논란은 어쩌면 당연한 수준이다. 여러 논란에도 불구하고 옐로스톤 늑대는 여전히 리와일딩 세계에서 간판급 스타이며, 큰 이변이 없는 한 앞으로도 그러리라 예상된다. 늑대의 귀환이 일으킨 변화에 대한 과학적 합의가 아직 완성되지 않은 것은 사실이다. 지지 담론과 불합치되는 연구도 있으며, 기존 연구에 대한 비판도 꾸준히 제기되고 있다. 하지만 이것이 바로 건강한 과학이며, 논란이 곧 부정을 의미하지 않는다. 앞에서 인용된 비판 연구에서조차 상반되는 증거들이 공존하며 과학적 합의가 아직 완전치 않음을 주장할 뿐, 늑대가 일으킨 변화에 대한 근거가 없거나 그것이 사실이 아니라고 말하지 않는다. 양적으로 보면 늑대가 일으킨 변화를 지지하는 논문이 훨씬 많다. 어떤 경우는 그저 이견의 상황이 있을 뿐이다. 늑대가 엘크의 밀도가 아닌 행동 변화를 일으킨다는 연구도 있다. 엘크에게 위치 추적기를 달아 조사한 결과 늑대 분포 확률에 따라 사시나무 숲을 피한다는 것이 나타났다.[61] 앞에서 소개한 비판과는 달리 실제 행동 기전을 보여 주는 좋은 연구 사례다. 그러나 여전히 엘크의 행동이 아니라 수 감소가 하나의 인자일 가능성을 배제할 수 없다는 비판이 따랐다.[62] 이렇듯 증거가 없는 것이 아니라 끊임없는 검증을 받고 있는 것이다. 아직 과학적 합의가 없다고 주장한 논문에서조차 옐로스톤 늑대의 사례가 대형 포식자 재도입 효과의 패러다임을 천명하며 글을 열고 있다.[63] 더욱 중요한 건 논리와 기전의 차이를 인식하는 것이다. 늑대의 효과가 정확히 어떤 기전을 통해 작동하는지 확연하지 않았다고 해서 늑대의 생태적 여파의 논리 자체가 부정되는 것은 아니다. 자연계의 기전은 단순할 수도 있고, 매우 여러 성분으로 구성된 고도로 복잡한 회로일 수도 있다. 기전의 차원과 결속되면서도 현상의 차원은 별도로 존재한다. 게다가 옐로스톤 늑대와 비슷한 영양 폭포 효과가 이미 세계 다른 곳의 다른 포식자 종에서도 보고되었다.[64] 학계의 전반적인 분위기는 논란의 여부는 인정하되 옐로스톤 늑대의 사례 자체를 결코 부정하지 않으며 리와일딩의 대표로 소개함에 있어서 전혀 주저하지 않는다. 나 또한 이에 흔쾌히 동참하는 바다.

6장
제방 뒤의 세렝게티

네덜란드 OVP는 기러기 떼의 초식 활동이 습지를
유지시킨다는 점에 착안했다.

사냥으로 살아가는 맹수의 중요성에 대해 리와일딩의 대표 사례를 5장에서 살펴보았다. 야생 하면 쉽게 떠올리는 사납고 무서운 생물의 모습이, 리와일딩의 렌즈로 보면 생태계 및 생물 다양성을 회복시키는 힘이라는 역설도 함께 다루었다. 그렇다면 이른바 포식자가 모든 리와일딩의 핵심일까? 그렇지 않다. 생태계를 구성하는 수많은 종 중 인간의 영향력이 미친 정도를 보면 가장 큰 피해를 본 군은 최상위 포식자들이라 할 수 있다. 그래서 최상위 포식자의 공백 문제를 해결하려는 방향으로 많은 리와일딩 사업들이 전개된 것도 사실이다. 그런데 포식자들과 더불어 많은 생태계에서 자취를 감추거나 존재감이 너무나 미약해진 또 다른 동물군이 있다. 바로 대형 초식 동물이다.

 대형 초식 동물이라 하면 어떤 종이 떠오르는가? 소, 말, 코끼리, 코뿔소, 낙타 등이 제일 먼저 생각난다. 그런 동물은 지금도 다 있지 않나? 반문할지도 모른다. 물론 있다. 하지만 제 잠재력을 제대로 발휘할 만큼 여기저기에 충분히 있지 않다. 가령 친근한 소나 말만 하더라도 언제나 우리나 마구간 안에 속박되어 있지 않은가? 물리적으로 존재할 뿐 생태적으로는 없는 것이나 다름없다. 넓은 대지를 떼를 지어 누비며 식물을 뜯어 먹고, 밟고, 싸지 못한다는 점, 그 점이 핵심이다. 초식(herbivory)의 역할과 여파라는 관점에서 대형 초식 동물을 재조명하고 복원하는 것도 리와일딩의 중요한 한 가지 갈래다. 포식의 행위가 생태적으로 얼마나 중요한지 다시금 깨달았던 것처럼, 초식의 행위가 얼마나 광범위하게 자연 전체에 영향을 주는지 인류가 새롭게 이해하기 시작한 것이다.

 그래서 6장에서는 대형 초식 동물에 초점을 맞춘 리와일딩의 사례 몇 가지를 소개하고자 한다. 이 사례들은 몸집이 비교적 큰 초식 동물이 자연에서 원래 하던 역할을 재개할 수 있도록 하되 그 이상의 인공적 개입은 최소화했다는 점에서 공통점을 갖는다. 5장에서 다룬 옐로스톤 국립 공원 늑대의 사례만큼 리와일딩의 양상을 구체적으로 다루지는 않는다는 점을 미리 말해 둔다. 늑대는 가장 잘 알려진 리와일딩의 대표 사례이자 수많은 연구 및 논란의 대상이 되었기에 여러 논점을 최대한 다방면으로 섭렵하는 것이 필요했다. 그러나 이제부터 소개할 사례들은 각각의 핵심 논리와 배경 및 특징적 면모를 살펴보는 정도로도 충분하며, 오히려 여러 사례를 비교함으로써 리와일딩에 대한 이해의 폭을 넓히는 게 더 의미 있다고 하겠다. 무엇보다 초식 작용이 리와일딩에서 말하는 야생 자연의 힘 중 하나임을 명확히 인지하는 것이 중요하다. 날카로운 이빨과 발톱 못지않게, 묵묵한 저작 작용과 커다란 굽도 엄연한 야생의 모습이라는 것을 기억해야 한다.

초식 동물에 초점을 맞춘 대표적 사례이자 늑대 다음으로 리와일딩의 두 번째 얼굴로 널리 알려진 사업이 바로 OVP다. 네덜란드의 수도 암스테르담에서 북동쪽으로 약 32킬로미터 떨어진 곳에 위치한 OVP는 면적 5,406헥타르의 보호 지역이다. 지난 1967년에 마르커르 호(Markermeer) 호숫가에 간척지가 조성되면서 탄생한 곳인데 1973년 석유 파동으로 인한 경기 침체로 중공업 산업 단지 개발 계획이 무산되면서 방치되었다.[1] 폴더

(polder)로 알려진 네덜란드의 간척지는 대부분 반듯한 모양에 꼼꼼한 관리를 받는 땅으로 야생의 자연과는 먼 곳들이다. 그런데 바로 이 폴더 중 한 곳에서 유럽 현대 리와일딩의 가장 주목할 만한 사례이자 '야생 실험'이라 불리는 것이 탄생했다.

수변에 인접한 땅을 내버려 두자 어김없이 자연이 찾아왔다. 갈대와 버드나무가 자라나면서 덤불 및 습지 서식지가 확대되었다. 여기에 각종 조류, 특히 회색기러기 수만 마리가 찾아와 깃털 갈이를 하며 쉬는 곳이 되었다.[2] 이를 지켜본 사람이 바로 프란스 베라였다. 네덜란드 정부의 농업 자연 식품부에서 근무하고 있던 생태학자 베라는 간척지에 자연이 돌아오는 것을 관찰하면서 동시에 이에 기러기 떼가 주는 영향에 주목했다. 그는 기러기 수만 마리의 초식 활동을 보면서 동물들이 서식지의 식생 천이를 그저 따를 뿐이라는 기존의 생각에 의문을 품었다. 천이란 식물 군집이 시간에 따라 변하는 과정을 말하는데 처음에는 개척자인 지의류 등이 생기고 나서 초본, 관목, 교목 등이 차례로 생기는 것을 말한다. 식물 군집의 이러한 변화는 그곳에 사는 동물과는 크게 상관없는 현상으로 보는 것이 지금까지의 정설이었다. 천이에 따라 동물은 그에 따라 그저 적응할 뿐으로 생각했다. 그러나 베라는 이 사고를 뒤집었다. 수동적으로 따라가기는커녕 동물이 천이 자체를 능동적으로 이끌어 가는 존재로 보기 시작한 것이다.

지금까지 학계는 생태적 극상의 상태를 향하는 천이의 과정을 정설로 받아들여 왔다. 미국의 생태학자 프레더릭 클레먼츠(Frederic Clements)가 제창한 이 이론은 시간이 지나면 식물 군집이 일종의 생태적 안정 상태인 '극상 군집'으로 치닫는다는 것이다.[3] 이 과정에서 동물들의 역할은 미미하거나 부차적인 존재이다. 그러나 베라의 관찰은 이와 다른 방향을 가리켰다. OVP의 기러기들은 갈대와 부들을 뜯어 먹음으로써 육지화되어 가는 습지에 다시 해방 수면(open water)*이 생기도록 해 천이의 방향을 틀었기 때문이다.[4] 즉 기러기들이 천이의 진행을 막거나 심지어는 역방향으로 선회시키고 있다는 것이었다. 이 주장이 시사하는 바는 엄청난 것이었다. 지금까지 유럽의 자연 보호 구역들은 극상 군집에 다다른 숲이 원래의 상태라고 전제해 왔다. 가령 현재 독일의 이른바 검은 숲(Schwarzwalt)에서 볼 수 있는 바와 같이 나무가 공간을 빽빽하게 메워 마치 숲에 지붕이 생긴 것처럼 '수관 닫힘(closed canopy)' 상태의 숲을 인간에게 훼손되기 이전

---

* 식생으로 덮이지 않은, 열려 있는 수면 공간.

자연적 상태로 본 것이다. 베라는 이를 정면으로 반박하며 기러기가 해방 수면과 습지 식생이 혼재하는 모자이크를 만드는 역할을 하듯이, 유럽의 자연도 극상 산림이 아니라 원래 초원, 관목림, 낙엽성 삼림이 교차하는 역동적 모자이크성 경관이었다고 주장했다.[5] 그가 제기한 유럽 자연의 고생태학적 상황에 대한 새로운 이해는 동물에 바탕을 두고 있었다. 식생이 극상의 숲으로 진행하지 않고 일부는 초지로, 일부는 관목림으로, 또 일부는 습지로 열리는 이유가 바로 초식 동물이라는 것이었다.[6]

초식 동물이 그냥 자연 속에 사는 것이 아니라, 자신이 사는 자연 자체를 만드는 데 기여한다. 서식지 변화의 추동 요인이 초식 동물의 먹이 활동이라는 철학에 근거해 그는 OVP를 대상으로 야생의 실험을 감행했다. 착상은 기러기로부터 얻었지만 그들만으로 충분하진 않았다. OVP를 찾는 회색기러기의 수는 1989년에 3만 5000마리에 이를 정도로 다른 지역보다 월등하게 많았지만[7] 그들도 습지만이 아니라 인접한 초지 서식지를 필요로 한다. 초지를 만드는 역할은 대형 초식 동물, 특히 한때 유럽에 광범위하게 분포했던 오록스(aurochs, *Bos primigenius*)라는 소와 타르판(tarpan, *Equus ferus ferus*)이라는 말이 담당했던 일이다.[8] 이 두 종은 지금은 멸종한 야생의 소와 말이다. 그들의 초식 활동으로 초지가 숲으로 전이하지 않고 유지되도록 하는 그 생태적 기능을 되살려야 한다는 생각에 베라는 대체 동물을 찾았다. 그가 선택한 종은 헤크 소(*Bos taurus*)와 코닉 포니(*Equus ferus*)였다. 둘 다 가축이지만 인공 교배나 육종을 거의 거치지 않아 야생 조상의 특질들을 비교적 잘 간직한 동물들이었다.[9]

우선 1983년에 헤크 소부터 35마리를 OVP에 풀어 놓았다.[10] 헤크 소는 원시 자연 질서의 회복을 추구했던 나치 치하인 1930년 대에 루트비히 헤크(Ludwig Heck)와 하인츠 헤크(Heinz Heck) 형제가 1627년에 멸종한 오록스와 최대한 가깝게 만들고자 역교배를 통해 얻어낸 결과물이다.[11] 실제로 오록스와는 상당한 차이가 있지만, 그래도 다른 소 품종에 비해 튼튼하고 강인한 특질을 갖고 있어 선정되었던 것이다. 소에 이어 코닉 포니 27마리가 1984년에, 그리고 붉은사슴 54마리를 1992년에 풀어 놓았다.[12] 초유의 '야생 실험'에 도입된 이 초식 동물들의 군집은 OVP의 대지를 자유롭게 활보하며 제 역할인 풀 뜯기를 충실히 수행했다. 소는 풀을, 말은 거친 초본을 먹음으로써 나무나 덤불이 자랄 기회를 제공하는 반면, 사슴은 반대로 나무와 덤불을 뜯어 먹는 역할을 한다. 이렇게 다양한 초식 습성을 가진 동물의 커뮤니티로 인해 어느 한 가지 식생이 우점하는 일이 방지된다.[13] 즉 서두에 언급된 회색기러기와 함께 이 초식 동물들의 섭생은 전체적인 서식지의 다양성을 유지하는 결과를 낳은 것이다. OVP는 1992년에 공식 자연 보호 지역으로 지정되고 초식 동물의 개체 수는 금방 증가하기에 이르렀다.[14] 대형 초식 동물이 떼를 지어 야생 상태로 살고 있는, 서유럽에서 좀처럼 볼 수 없었던 광경이 연출되었다. 풀어 놓은 소와 말은 인간에 의존하던 습성을 벗어던지고 생태적, 사회적 본성을 재발견하도록 하는 탈가축화가 눈앞에 벌어지고 있었다. 급기야 OVP는 '제방 뒤의 세렝게티'라는 수식어가 붙기 시작했다.[15]

야생 실험은 필요한 동물의 도입까지만 하고 나서 그 이상의 인공적 관리는 최소화하는 원칙에 따라 감행되었다. 이제부턴 새로 탄생한 이 '야생의 땅'에서 '야생 동물'들이 모두 알아서 살아야 하는 것이었다. 대신에 고도로 인공적인 경관 한 가운데 위치한 지리적 여건 때문에 보호 구역 가장자리에 울타리가 세워졌다. 경계에 울타리가 쳐진 덕에 동물들은 다른 곳으로 이동하거나 다른 개체가 유입될 수 없었고, 따라서 OVP 개체군은 오직 그 안에 있는 한정된 먹이의 양에 좌지우지될 수밖에 없었다. 개체군은 금방 증가했고 소의 경우 2000년대 초에 약 1,000마리로 정점을 찍었다.[16] 처음에는 초식 동물뿐 아니라 다른 여러 생물도 늘어났다. 특히 식물, 곤충, 양서파충류, 어류를 비롯해 물총새, 백로, 해오라기, 저어새 등의 조류가 다수 돌아왔다.[17] 초식 동물의 활동으로 초지, 덤불, 산림 모자이크 경관이 생겨났으며 특히 넓게 펼쳐진 초지에는 흰뺨기러기, 댕기물떼새, 홍머리오리, 검은가슴물떼새 등 여러 철새들이 큰 떼를 지어 찾아왔다.[18] OVP는 인간의 특별한 개입 없이 생물로 북적이는 곳으로 변모하고 있었다. 야생 실험은 성공적이었다.

그러나 곧 문제가 찾아왔다. 울타리로 쳐진 면적 내의 먹이만으론 늘어난 초식 동물이 전부 살아가는 것은 불가능했다. 인간 관리의 최소화를 표방한 OVP는 그 철학에 의거해 겨울철에도 먹이 주기를 일절 하지 않았다. 이미 2000년쯤 전체 초식 동물의 수는 생태적 수용량에 다다르면서 연간 사망률이 증가했고, 특히 2005년과 2010년에 많은 수가 사망하기에 이르렀다.[19] 기아로 죽은 동물들의 사진이 언론을 장식하면서 OVP는 큰 역풍을 맞기 시작했다. 2005년에는 네덜란드 동물 복지 단체가 OVP의 담당 부처인 네덜란드 산림 및 자연 보호 지역 관리청(Staatsbosbeheer, SBB)을 고소했고 실험을 중단할 것을 요구했다.[20] 자연 보호 지역에서 동물이 떼로 죽었다는 소식에 많은 이들이 분개했고 이를 비판하는 여러 기사, 만평, 유튜브 등이 나타났다. 그러나 법원은 SBB 측의 손을 들어 주며 OVP의 동물들은 SBB에 실제로 귀속된다고 볼 수 없기 때문에 법적 책임이 없다고 판결하며 이들을 '야생 사육 동물'이라는 특이한 중간적 위치로 판단했다.[21] 동물에 대한 법적 책임은 소유권을 바탕으로 이뤄지는 것이기 때문이었다.

가장 많은 수의 동물이 죽은 것은 2017~2018년의 겨울이었다. 수천 마리의 말이 굶어 죽자 당국이 인위적으로 개체군 조절을 하게 되었다. 당국은 총 5,230마리에 이르는 초식 동물 중 약 90퍼센트를 쏴서 죽였고 숫자는 1,850마리로 떨어졌다.[22] OVP 경계에는 시위대가 몰려와 중단을 요구하며 OVP를 아우슈비츠 수용소에 비유하기도 했다. 다른 야생 동물에 대한 문제도 발생했다. 사체가 많아지면서 OVP 내 여우가 늘어났고 이로 인해 멸종 위기 조류인 저어새의 개체군이 급감하는 사태가 벌어졌다.[23] 조류 보호 단체들은 OVP의 관리 방식을 비판하며 개선을 요구했다. 초식 동물들의 집단 아사 전, 지나치게 많은 개체수로 인해 식생이 훼손되는 것이 곳곳에서 관찰되었고, 한때 많았던 곤충, 조류 등도 대폭 줄어들었다.[24] OVP를 이대로 두는 것은 불가능한 상황이 되었던 것이다. 정부는 OVP에 대한 일종의 '감사'를 단행하기 위해 다국적 위원회(International Commission on the

Management of the Oostvaardersplassen, ICMO)를 결성했다. 위원회는 OVP가 이해 당사자들을 충분히 관여시키지 않았음을 지적하고, 또한 무개입 및 무목적의 원칙에도 문제를 제기했다.[5] 결국 OVP는 특정한 관리 체제하에 놓이게 되었고 인간의 관리를 최소화하려 했던 리와일딩의 원칙은 약화되었다.[25] 혹한기를 나는 것이 어려워 보이는 개체를 선제적으로 안락사시키고 겨울철 먹이 주기도 시행되었다. 야생의 실험은 이렇게 일단락이 된 셈이었다.

오늘날 OVP는 리와일딩의 주요 사례로는 언제나 언급되나 문제적 사례라는 딱지가 늘 붙은 채로 회자된다. 여전히 리와일딩의 플래그십로 불리며,[26] 영양 단계와 자연적 과정이 관리체계의 핵심인 유럽 최초의 자연 보호 지역으로 인식되면서, 동시에 아직도 많은 논란의 대상이기도 하다.[27] OVP는 실패한 사업이라고 공공연히 이야기되기도 하는가 하면, 네덜란드 당국은 OVP가 여러 긍정적인 생태적 효과를 낳았다고 주장하기도 한다.[28] 현업 리와일딩 분야의 학자, 활동가, 관리자 들은 OVP로부터 다소 거리를 두려는 경향이 일반적이다. 어쩌면 그만큼 모두에게 강렬한 인상을 준 대담한 리와일딩의 시도였고, 그를 통해 드러나고 배운 점도 그만큼 많았기 때문일 것이다. 어떤 관점에서 보더라도 OVP는 반드시 짚고 넘어가야만 하는, 리와일딩의 역사에 진한 획을 그은 사례임은 분명하다.

대형 초식 동물에 방점을 두면서 가축을 활용했다는 점에서 'OVP의 대를 이은' 것으로 불리는 사례가 또 한 가지 있다. 바로 영국 넵 캐슬 농장의 리와일딩이다. 영국은 현재 리와일딩 담론을 이끌어가는 국가 중 하나로서 유일하게 국제 리와일딩 컨퍼런스를 조직, 운영하고 있는데, 2025년 1월 케임브리지 대학교에서 열린 제2회 행사에는 전 세계 500명 이상의 참가자가 모이는 등 리와일딩의 전파와 주류화에 앞장서고 있다.[29] 이번 행사는 2019년에 열린 제1회 심포지엄의 성공에 힘입어 개최된 것인데 이때 몽비오가 기조 연설을, 트리가 대표 강연을 맡았다. 각각 『활생』과 『야생 쪽으로』라는 베스트셀러의 저자로 대변되는 리와일딩 대중화의 두 주역이자, 영국 리와일딩의 두 얼굴이라 해도 과언이 아니었다. 트리와 그녀의 남편 찰리 버렐이 바로 농장의 소유주이자 리와일딩 사업의 주인공들이다. 넵 캐슬 농장의 이야기가 이런 위상을 얻게 된 데에는 몇 가지 이유가 있다. 첫째는 정부나 단체가 아닌, 개인이 자신의 사유지를 야생으로 전환했다는 점이다. 미국 옐로스톤 국립 공원 늑대나 네덜란드 OVP와 크게 구별되는 대목이다. 둘째는 그 사유지가 한때 농경지였던 점이다. 원래 목장이었던 이곳은 버렐이 1983년 조부모로부터 물려받은 이래 계속해서 적자를 기록했고 대단위 산업형 농업과 경쟁이 불가능해졌다. 그들은 2000년에 농사를 전면 중단하기로 결정하고 가축과 장비를 팔았다.[30]

매일 먹고 사는 문제에 직면한 '일반인' 농장주들이 자신들의 생계가 걸린 땅을 스스로 야생으로 되돌리기로 했다는 것, 그리고 그 결과가 놀라운 성공이었다는 사실이 넵 캐슬의 이야기를 더욱 강력하게 만들어 주었다. 영국 웨스트서식스 주에 위치한 1,400헥타르 넓이의 이곳이 리와일딩을 향한 첫발을 내디딘 것은 농사를 중단하기로 한 이듬해인 2001년이었다. 처음에는 옛 경관을 회복하는 명목으로 시작되었다. 19세기까지 영지의 중간쯤에 있었던 렙톤 공원이 제2차 세계 대전 때 식량 생산을 위해 농장이 되었는데 이를 복원하기 위한 지원금을 따는 데 성공하면서 땅에 대한 새로운 시각이 싹텄다.[31] 단순히 휴경만이 아니라 예전에 이곳을 누비던 동물들도 돌아와야 했다. 그들은 인근의 펫워스 공원에 사는 다마사슴 200마리를 데려와 풀어 놨다.[32] 효과는 그해 여름에 바로 나타났다. 교란과 화학 물질에 시달려 병약해졌던 수백 살 참나무들이 다시 푸르러졌고, 무엇보다 소리가 달라졌다. 무릎 높이까지 오는 식물들을 헤치며 걷자 수많은 곤충들의 작지만 사방에서 들려오는 소리의 총체는 가히 충격적으로 다가왔다.[33] 마치 뭔가에 얻어맞은 것처럼 그동안 무엇을 잊고 지냈는지를 깨닫게 해 줬기 때문이다. 자연의 급격한 변화와 함께 찾아온 곳은 획기적인 정신적인 변화였다. 계속해서 땅에 대항할 것이 아니라, 땅과 함께 일하는 것의 가능성을 본 것이었다.[34]

거의 같은 시기에 OVP 리와일딩의 선구자 베라가 천이 과정 및 유럽 자연의 원래 모습에 대한 자신의 이론을 발표했다.[35] 이 소식을 접한 버렐 부부는 베라를 만나기 위해 직접 OVP를 찾았다. 눈 앞에 펼쳐진 풍부하고 화려한 생물 다양성을 배경으로 베라는 그들에게 힘주어 강조했다. "동물들은 서식지의 창조자이자 생물 다양성의 원동력입니다. 그들 없이는 정적이고 빈약한 단조로운 서식지만 있게 됩니다. 그동안 많은 보전 노력이 실패한 이유가 바로 이것입니다."[36] OVP가 옛 초식 동물의 대체 종으로 가축을 선정했듯이, 넵 캐슬의 버렐 부부는 영국 가축 중 몇 종을 선정해 OVP식 '자연적 풀 뜯는 체제(naturalistic grazing scheme)'의 계보를 이어 나가기로 했다.[37] 앞서 들여온 다마사슴에 이어 엑스무어조랑말, 잉글리시롱혼소, 탬워스돼지가 투입되었고, 여기에 붉은사슴과 노루도 가세했다. 넵 캐슬의 대형 초식 동물 군집은 그 주변은 물론 영국 전체에서 볼 수 없는 화려한 다양성을 자랑하게 된 것이었다. 중요한 점은 이 모든 종이 이 땅을 자유롭게 누비며 살고 있다는 점이었다. 지금도 넵 캐슬 농장의 울타리에는 "자유롭게 돌아다니는 동물들!(Free roaming animals!)"이라는 경고성 간판이 설치되어 있고 앞서 말한 종들의 실루엣이 그려져 있다.[38] 위험을 알리는 것인 동시에 그곳의 생물상에 대한 자랑이기도 하다.

초식 동물들은 변화에 박차를 가했다. 땅과 식물을 밟고, 뜯고, 파고, 비비고, 뭉개고, 똥오줌을 쌌다. 경작과 비료와 농약에 시달렸던 땅은 전혀 다른 모습을 보이기 시작했다. 덤불이 우거진 관목지가 돌아왔다. 특히 초식 동물 도입이 늦어졌던 남부 지역은 마치 아프리카 사바나를 연상케 하는 각종 덤불과 나무의 혼재 경관이 나타났다. 서식지의 다양성은 곧 생물의 다양성으로 이어졌다. 관속식물 558종, 이끼 등 선태식물 131종, 버섯 등 균류 400종 이상, 조류 130종 이상, 무척추동물은 무려 1,800종(딱정벌레목 589종, 나비 목 565종, 벌 62종, 말벌 39종 등) 이상 발견된다.[39, 40] 영국에서 번식하는 박쥐 17종 중 13종이, 영국 텃새 부엉이 5종 전부가 이곳에 산다. 매의 경우 영국에서는 매우 귀한 사례인 나무 둥지 번식이 2017년 넵 캐슬에서 확인되었고, 유럽

황새가 중세 이후 시대 이후로 영국 땅에서 처음 번식하는 등 희소식이 잇따랐다.[41, 42]

    수많은 동식물을 자랑하는 넵 캐슬이지만 이곳을 상징 동물은 3종이다. 바로 나이팅게일, 멧비둘기, 보라색황제나비다. 탐조와 탐접(探蝶)*이 국가적 취미인 영국에서 세 동물의 성공적인 복원은 넵 캐슬의 마스코트이자 리와일딩 성공의 징표이기도 하다. 번식을 하기 위해 영역을 확보하고 노래하는 수컷 새의 수가 생태적으로 중요한 수치라 할 수 있는데, 이를 기준으로 나이팅게일은 2021년에 40마리로, 멧비둘기는 20마리로 늘었다.[43] 영국 전역에서 이 희귀 종의 증가세가 나타나는 유일한 곳이 바로 넵 캐슬이다.[44] 트리의 책 『야생 쪽으로』의 표지를 장식하는 것도 멧비둘기다. 보라색황제나비의 경우 영국에서 가장 큰 콜로니가 바로 이곳에서 발견될 정도다. 넵 캐슬 농장의 리와일딩 성공은 개별 종의 수준은 물론, 전체적인 식생 수준의 변화에서도 증명된다. 인공위성 원격 탐사 기술을 이용해 농장에서 지난 20년간 일어난 식생의 변화를 분석한 한 연구에서는 전체 면적에서 농경지와 초지가 41.4퍼센트 감소한 반면, 덤불 면적은 6배

---

*   나비를 찾고 관찰하는 행위 또는 취미 활동.

증가하고 나무 면적은 40.9퍼센트 증가했음을 보여 주었다.[45] 더욱 놀라운 결과는 리와일딩한 지역에서 식생의 연간 1차 생산량 모두 전반적으로 증가했다는 사실이며, 이런 현상은 특히 초식 동물의 부재 기간이 더 길수록 더욱 두드러졌다고 한다.[46] 국가 기관이나 단체도 아닌 개인이 별로 크지도 않은 면적의 사유지에서 일궈낸 생태적 쾌거라도 해도 전혀 과언이 아닙니다.

넵 캐슬 농장 리와일딩의 보다 자세한 이야기는 『야생 쪽으로』를 통해 확인할 수 있다. 이 책은 영국은 물론 세계적으로 널리 읽힌 리와일딩의 대표적인 성공 사례 단행본이 되었다. 그 성공은 단지 생물상의 회복만이 아니었다. 이전에 상상하지 못했던 방식으로 일궈낸 경제성의 회복이기도 했다. 현재 넵 캐슬 농장은 각종 강연, 워크샵, 생태 관광, 숙박 및 케이터링 서비스 등을 제공하는 종합 비즈니스 모델로 성장했다. 여기에 외부 컨설팅, 책 및 상품 판매, 직접 초식 동물 개체수를 조절하는 과정에서 발생하는 육류의 판매 등이 추가된다. 농장에서는 이렇게 얻는 '야생 방사육'에 프리미엄을 붙여서 판매한다. 자연 포식자가 없기 때문에 결국 초식 동물을 죽이는 행위는 불가피하다고 운영진은 이야기하지만, 이는 진정한 의미에서 리와일딩이 아니라는 비판을 받는 지점이기도 하다. 왜냐하면 OVP가 한정된 공간의 한정된 먹이 자원이라는 조건에 가축들을 아사하게끔 놔둔 것이 문제였다면, 넵 캐슬 농장은 아사까지 가기 전에 개체수 조절과 고기 생산이라는 단계로 바로 뛰어 넘어갔다고 볼 수 있기 때문이다.[47] 넵 캐슬 농장은 물론 영국 전체에 늑대나 스라소니와 같은 자연 포식자는 모두 멸종한 상태이지만, 이 핵심인 사안을 해결하지 않는 이상 여전히 인간이 포식자 역할을 맡아야 하는 불완전한 리와일딩에 머무른다는 것이다. OVP의 대를 잇는 넵 캐슬 농장이, 어쩌면 단점조차 똑같이 물려받았는지도 모른다. 자연 보호 지역에 사는 야생 동물의 고기를 파는 측면은 기존의 아프리카 사파리 모델과 다를 바 없는 것이 사실이다.

리와일딩이라는 이름표와 다소 거리를 둔 채 일반 자연 보호 구역으로 남으려는 OVP, 같은 철학적 계보와 유형을 따랐지만 여전히 성공적인 리와일딩의 상징으로 자리매김하고 있는 넵 캐슬 농장. 대형 초식 동물과 대체 가축 동물의 방사로 특정되는 리와일딩의 두 대표 사례임에는 이론의 여지가 없다. 이들이 누린 인기와 관심, 그리고 동시에 수반되었던 문제와 논란 모두 리와일딩이 현재 계속해서 활발히 변화, 발전 중이라는 사실을 말해 준다. 야생 자연의 진화처럼 그 여정은 아마 영원히 끝이 없으리라 하겠다.

7장
핵심종의 귀환

코끼리거북은 섬 생태계의 식물상에 커다란
영향력을 미치는 핵심종이다.

리와일딩의 대표적 사례로서 포식자 및 대형 초식 동물을 중심으로 가장 잘 알려진 프로젝트를 6장에서 살펴보았다. 잃어버린 야생의 자연을 되찾는다는 의미에서 리와일딩 하면 몸집이 크고 위험한 이런 동물들을 떠올리기 쉽다. 인간 입장에서 부담스럽거나 심지어는 피하고 싶은 소위 '짐승'들을 일부러 다시 데려온다는 일종의 역설이 리와일딩의 매력이자 기존 패러다임과의 차별화 지점이기도 하다. 그런데 세계에는 너무나 다양한 종류의 생물이 존재하고, 야생 생물에 대한 인간의 선입견과 무관하게 모두 생태계에서 저마다의 위치와 역할이 있는 엄연한 야생 생물들이다. 최상위 포식자의 카리스마나 대형 초식 동물의 물리적 위용은 없더라도 생태계 내에서 갖는 중요성만큼은 어느 종 못지않은 생물들이 수두룩하다. 특히 생태계에 유난히 큰 영향을 미치고, 사라질 경우 그 생태계가 낙후 또는 붕괴할 정도로 중요한 종이 있는데 이를 핵심종(keystone species)이라고 한다. 키스톤(keystone)은 서양 건축에서 돌로 아치를 만들 때 가장 마지막에 한가운데에 끼우는 돌로서 그것을 빼면 모든 게 와르르 무너지기에 붙여진 이름이다. 즉 실제 수나 빈도에 따른 물리적 영향력보다 월등한 생태적 영향을 가진 종이 핵심종이다.

7장에서는 최상위 포식자나 대형 초식 동물이 아닌 핵심종을 중심으로 한 리와일딩 사례들을 살펴보도록 하겠다. 일반적으로 야생이라면 바로 떠오르는 종들은 아니지만, 한 생태계에서 그 종이 있고 없고의 차이가 매우 크기에 반드시 있어야 하는 이들이다. 다만 최근 리와일딩 분야에서는 핵심종을 '기능적 종(functional species)'이라는 말로 바꿔 쓰는 추세인데, 이는 기능성에 대한 생태학의 최근 연구 추세와 맥을 같이하는 것이다.[1] 첫 사례로서 소개할 것은 바로 마스카렌 제도의 코끼리거북 리와일딩이다.

마스카렌 제도는 안타깝게도 생물의 멸종과 관련이 깊다. 멸종의 상징이라 불리는 도도새가 이곳에서 발견되고 사라진 것으로 유명하다. 아프리카 마다가스카르 동쪽 700~1,500킬로미터에 위치한 모리셔스, 레위니옹, 로드리게스를 비롯한 여러 작은 화산섬, 산호초, 환초 등으로 이루어진 곳이다.

이곳엔 도도 말고도 사라진 중요한 동물이 있는데 바로 거대 육지거북인 실린드라스피스속(Cylindraspis) 코끼리거북이다. 마스카렌 제도에는 총 5종의 코끼리거북이 독립적으로 진화하며 살았는데 19세기 유럽 식민지를 겪으면서 멸종했다.[2] 코끼리거북은 풀을 뜯고, 잎을 따고, 종자를 분산하며 섬의 식물상에 큰 영향을 미쳐 왔다. 특히 섬이라는 지형의 특성상 비슷한 크기의 다른 초식 동물이 없고 외부 유입이 어려워 코끼리거북이 갖는 영향력은 매우 중요했다. 그런데 코끼리거북이 사라지면서 토착 풀이 급감하고 대신 외래종 풀이 증가했다. 성장률이 빠르고 억센 이 풀들은 비교적 작은 키의 초지, 사초, 엽채로 구성된 고유 식물 군집을 압도하면서 섬의 생태계는 낙후되었다.[3] 또한 섬의 여러 과실수도 열매를 먹어 씨앗을 분산시킬 종이 과일박쥐 외에는 없는 상황이 되어 특히 모리셔스 섬에 식물 성장이 저해되었다.[4] 가령 코끼리거북에 종자 분산을 의존하던 흑단나무의 일종(Diospyros egrettarum)은 번식에 큰 어려움을 겪었다.[5] 이

나무의 크고 단단한 껍질의 열매를 씹어 삼킬 수 있었던 동물은 코끼리거북 외에도 몸 크기가 80센티미터에 달하는 대형스킹크도마뱀(*Leiolopisma mauritiana*)이 과거에 있었지만 역시 멸종하고 없었기 때문이다.[6] 가장 최근까지 남았던 코끼리거북이 수행하던 생태적 기능마저 사라지면서 그 여파가 섬 식물들에서 나타나고 있었던 것이다.

모리셔스 정부와 지역 단체 2007년 6월에 모리셔스 북쪽으로 22.5킬로미터 떨어진 면적 215헥타르의 라운드 섬에 앨더브라코끼리거북과 마다가스카르방사거북을 도입했다. 1957년부터 자연 보호 지역으로 지정된 이곳은 다른 섬에 비해 식물 생태계가 온전하게 남아 있는 편이라 코끼리거북의 도입 효과를 보기에 적당했다.[7] 거북들은 외래 식물들을 우선적으로 먹기 시작했고, 얼마 후 그동안 분산이 제한되었던 고유 야자수종(*Latania loddigesii*)을 먹고 또 씨앗을 퍼뜨리는 현상이 관찰되었다. 흑단나무의 경우 코끼리거북이 돌아오기 전에는 거의 모든 씨앗이 어미나무를 조금도 벗어나지 못했다. 나무 18그루를 조사한 결과 15그루는 모든 열매가 수관부 바로 아래에 떨어졌고, 총 7,437개의 열매 중 수관부를 벗어난 것은 겨우 7개였으나 그조차 나아간 거리는 1미터에 그쳤다.[8] 그러나 거북들의 활약으로 많게는 수백 미터 이상의 거리까지 씨앗이 분산되었을 뿐 아니라, 거북의 창자를 통과하면서 발아율이 훨씬 높아지는 효과마저 나타났다.[9] 이 성공을 바탕으로 코끼리거북 리와일딩은 다른 곳으로도 확대되었다. 갈라파고스 제도에 살다 멸종한 핀타섬땅거북(*Chelonoidis niger abingdonii*)이 그곳의 오푼티아선인장과 긴밀한 생태적 관계를 맺고 있었다는 점에 착안해 등껍질이 안장 모양으로 유사한 갈라파고스땅거북(Galapagos saddleback tortoise)을 도입하기도 했다.[10] 거북들은 선인장의 분산을 도왔고 과도하게 자라고 있던 목본류의 생장을 억제하는 효과를 발휘했다.[11] 제도 반대편의 에스파뇰라 섬에서도 다른 코끼리거북종의 재도입 사업도 뒤따라 일어났다.[12] 모두 도서 생태계가 한때 사라졌던 코끼리거북이라는 핵심종의 귀환으로 인해 회복되는 독특하고도 중요한 리와일딩 프로젝트들이다.

독특함의 관점에 있어서 전혀 뒤지지 않는 또 하나의 리와일딩 핵심종이 있는데 바로 비버. 이미 옐로스톤 늑대의 리와일딩 사례에서 비버의 생태적 활약에 대해 언급했는데, 비버는 '생태계 공학자'라는 칭호가 가장 합당한 동물 중 하나인 만큼 리와일딩의 주요 대상이 되곤 한다. 비버는 생태적 중요성이 알려지면서 세계 곳곳에서 복원이 시도되고 있는 종이다. 미국 서부와 일부 남부 지역, 유럽에서는 스페인, 포르투갈, 이탈리아에 비버가 돌아오고 있다. 그런데 자국 내에서 완전히 멸종된 이후에 사람들의 노력으로 성공적으로 복원하는 국가적 사례를 들자면 영국의 비버 리와일딩이 단연 두각을 나타낸다. 과거에 비버는 영국 전역에 분포했지만 모피와 약재를 얻기 위해 많은 수가 사냥을 당했고, 농지 개간으로 습지가 다량으로 사라지면서 16세기경에 멸종했다.[13] 비버에 대한 과학적 연구를 통해 생태적으로 얼마나 중요한 존재인지에 대한 이해가 자라나면서 복원에 대한 목소리가 커지기 시작했다.

비버를 영국에 400년 만에 재도입한 첫 시도는 2001년 켄트에서 일어났다.[14] 켄트에 남은 습지를 되살리기 위한 목적으로 들여온 비버는 처음엔 스투어 강 주변 울타리가 쳐진 공간 안에 풀려 이동이 제한되었다. 그러나 탈출하는 개체가 생기면서 2008년쯤에는 울타리 바깥에도 개체군이 형성되었다.[15] 거의 같은 시기인 2009년에 스코틀랜드에서도 남서부 아길의 넵데일에서 본격적인 비버 재도입이 시작되었다.[16] 여기서도 비버의 복원은 제한된 공간에서 시작되었지만, 나라 전체로 확장하는 가능성을 열어 두고 그 타당성을 평가하기 위한 5개년 사업(Scottish Beaver Trial, SBT)이었다. 총 3가족 11개체로 첫발을 디

딘 이 사업은 영국에 공식적으로 포유류를 재도입한 첫 사례였다.[17] 비버는 훌륭하게 적응하면서 생태적 공학자라는 명성답게 주변의 습지를 변화시키기 시작했다. 비버의 활약으로 넵데일의 서식지 다양성이 증가하면서 생물 다양성이 증가했다. 2010년에는 첫 새끼 비버가 태어나면서 번식에도 성공했음을 알렸고, 스코틀랜드 정부는 2019년 5월에 비버를 토착종의 법적 지위를 공식 인정하면서 비버의 귀환을 천명했다.[18]

SBT는 당국과 과학자들만 관여한 일개의 사업이 아니라 하나의 큰 사회적 이슈로서 매우 큰 대중적 관심 속에서 진행되었다. 비버를 풀어 주는 시점 전후로 해서 1000만 명 이상의 사람들이 이 소식을 다양한 매체로 접한 것으로 추산되었을 정도이다.[19] 한 동물을 재도입하는 일치고는 이례적인 이목의 집중이었다. 또 한 가지 특징은 사람과의 관계에 대한 고려를 일찍부터 한 점이었다. 어렵사리 다시 데려온 비버의 미래는 인간과 잘 공생하는 것에 달려 있음을 일찍이 인식한 SBT는 여러 공청회를 열어 처음부터 여러 이해 당사자들의 참여를 도모했다.[20] 다양한 사람들이 다양한 방식으로 사업에 참여했다. 전문가들의 주도 아래 자료 수집, 행동 연구, 모니터링, 현장 추적 등 각종 활동가 이벤트가 진행되었고, 2008~2014년 약 3만 2000명이 참여했다.[21] 비버에 대한 관심이 실제로 현장에서 얼마나 열띠게 나타났는지는 STB의 최종 결과 보고서에 숫자로 잘 드러난다. 총 624회의 영상 분석, 2,703회 현장 조사, 1,297회 비버 포획, 1,034회 수질 분석, 1,717회 주간 추적, 3,016회 야간 추적, 729회 가이드 탐방 등 합계 총 1만 1817시간에 걸친 현장 활동이 일어났다.[22] 모두가 비버에 대해 긍정적이었던 것은 아니다. 물길을 바꾸고 국지적으로 홍수를 일으켜 작물이 피해를 볼 수 있다는 이유로 농부들의 반대가 일어났고, 불법적으로 비버를 죽이는 사태도 벌어졌다. 산림 지대가 부정적인 영향을 받을 수 있다는 우려도 있었다. 그러나 처음부터 공식적인 경로를 통해 공개적으로 벌어진 만큼, 비버를 둘러싼 논란은 점차 전체적인 과정의 일부로 흡수되었고 리와일딩 성공 사례로서 널리 인식되었다. 현재 스코틀랜드 비버의 개체군은 약 2,000마리 수준으로 크게 성장했다.[23]

비버가 스코틀랜드에 성공적으로 돌아왔다는 사실은 이제 영국 전체로 확대될 수 있음을 의미했다. 비버가 돌아와 생기는 습지는 인공적으로 조성하는 것보다 생태적으로 월등히 우수하고 아무런 비용이 들지 않는다는 공감대도 함께 자라났다. 생태적 효과는 크되 인간에게 부담은 적은 야생 동물로서 비버의 인지도가 자라면서 다른 지역에서도 비버의 재도입이 시도되었다. 잉글랜드 남서부의 데본에서는 어디서 왔는지 모르는 비버들이 2008년에 발견되었다. 정부는 처음엔 이들을 포획, 이주시키려 했으나 지역 사회 및 관련 단체와의 협의 끝에 종전의 계획을 바꿔 스코틀랜드처럼 5개년 비버 시범 사업을 2015년부터 실시하기로 했다. 공교롭게도 이름이 '수달 강(Otter River)'인 하천에 두 가족을 시작으로 비버가 돌아왔고 2020년엔 가족 15개로 그 수가 늘어났다.[24] 시범 사업 결과는 성공적이었다. 비버로 인해 수질이 개선되고, 하류의 침수 위험이 줄고, 수달이나 물총새 등의 습지 생물이 살 수 있는 담수 서식지가 만들어지는 것이 확인되었다.[25] 성공에 힘입어 당국은 유전적 다양성을 높이기 위해 외부 지역에서 잡은 비버를 추가로 방사하는 것도 허락했다.

스코틀랜드와 잉글랜드에서 각각 성공한 비버의 귀환은 바야흐로 전국적 급물살을 타기 시작했다. 잉글랜드 중부의 더비셔, 북서부 쿰브리아와 체셔, 남서부의 도셋과 끝단의 콘월, 그리고 영국 리와일딩의 대표적인 사이트인 서섹스의 넵 캐슬에도 비버가 풀어 놓였다.[26] 영국 본토의 마지막 나라인 웨일즈도 비버 시범 사업을 실시했고 비버의 재도입을 지원한다고 지방 정부가 공식적인 성명을 내기도 했다.[27] 2023년에는 수도인 런던에도 400년 만에 비버가 돌아왔다. 사디크 아만 칸(Sadiq Aman Khan) 런던 시장은 런던 서부의 일링에 비버 5마리의 방사를 환영하며 런던을 야생 동물의 터전으로 만들겠다고 선언했다.[28] 한때 사라졌던 야생 동물을 온 나라가 합심해서 다시 데려온 영국의 비버 사례는, 비버라는 핵심종의 리와일딩을 인류 자연 보전 역사에 확실히 자리매김한 중요한 방점임이 분명하다.

핵심종 한 가지에 집중하기보다 생태계의 주요한 종 여럿을 복원하려는 야망을 품은 리와일딩 사례도 있다. 바로 아르헨티나의 이베라 리와일딩 프로그램이다. 아르헨티나 북동부의 코리엔테스 주에 위치한 이베라 공원에서 한창 벌어지고 있는 리와일딩 사업은 무려 14종의 야생 동물을 되돌려 놓는 원대한 목표를 이루기 위해 박차를 가하고 있다. 비스카차와 뉴트리아와 같은 설치류에서부터 팜파스사슴, 목도리페커리와 같은 유제류, 봉관조(curassow) 및 붉은색과 푸른색 마코와 같은 조류, 타피르(맥(獏), tapir)와 큰개미핥기, 그리고 심지어 재규어까지 그 목록은 화려하기에 이를 데 없다.[29] 아르헨티나의 자연 보호 지역은 동물상이 현저히 줄어든 이후에 조성된 경우가 많아 단순히 보호하는 것으로는 불충분하고 핵심 동물들을 적극적으로 복원해 생태적 원리들을 회복시키는 것이 필요하다.[30] 이를 일찍이 깨닫고 거의 유례가 없을 정도의 규모와 의지로 남아메리카 야생의 회복에 앞장선 개인이 리와일딩 사업의 주역이다. 바로 크리스 톰킨스(Kris Tompkins)와 2015년에 세상을 떠난 그녀의 남편 더그 톰킨스(Douglas Tompkins)다. 둘의 이름은 낯설지 모르지만 그들이 이끌었던 기업은 아마 알 것이다. 크리스는 아웃도어 브랜드 파타고니아의 최고 경영자였고, 더그는 노스페이스의 창립자다. 톰킨스 부부는 1993년에 결혼하면서 기업 일선에서 떠났고 그때부터 본격적으로 자연 보전에 투신해 개인 재산을 투자해 세운 비영리 법인 컨저베이션 랜드 트러스트(Conservation Land Trust)를 통해 칠레와 아르헨티나의 땅을 사들이기 시작했다.[31]

톰킨스 부부의 접근법은 너무나 혁신적이고 놀라웠다. 오직 야생의 자연을 위해 땅을 사되 충분히 큰 면적의 땅을 사서 연결했고, 자연 보전과 생태 복원의 원칙을 세운 뒤엔 각 나라 정부에게 땅을 기부했다. 그들의 기여로 아르헨티나와 칠레에 신설 또는 확장된 국립 공원만 현재까지 무려 15개나 된다.[32] 그중 리와일딩 업계에서 가장 유명한 이베라 리와일딩 프로그램은 톰킨스 부부가 1,500제곱킬로미터의 사유지를 매입해 기존의 자연 보전 지역과 합쳐 아르헨티나 최대 보호 구역인 7,000제곱킬로미터 면적의 이베라 공원을 탄생시켰다.[33] 이 정도면 충청북도 전체보다 조금 작은 규모이다. 그전까지 주로 목장으로 운영되던 사유지였기에 주변에서는 대기업 총수 출신인 이들이 오직 자연을 위해 땅을 산다는 사실을 의심 어린 시선으로 바라보았다. 일각에서는 미국 CIA가 아르헨티나의 정치에 관여하기 위해 벌이는 꼼수가 배후에 있다는 소문이 돌기도 했다.[34] 라틴아메리카에서 자선으로 자연 보전을 하는 경우 자체가 매우 이례적이기도 했고, 특히 단순 보호를 넘어서 야생 동물을 적극적으로 복원하는 것에 대해선 지역의 자연 보전 전문가나 학자들이 반대하기도 했다.[35] 그러나 땅이 공공 기관에 기부되고 실제로 동물들이 하나씩 차례로 돌아오기 시작하자 반대나 회의는 점차 지지와 환대로 바뀌었다. 주민들도 고국 땅의 자연이 건강하게 돌아오는 것을 자랑스럽게 여기기 시작했다.

2007년에 시작된 이베라 리와일딩 프로그램은 수많은 학자와 전문 인력이 투입되어 과학적이고 체계적으로 이루어지고 있는 대규모 프로젝트이다. 동물원이나 개인이 키우는 동물들을 수소문해 데려온 다음, 병리학적 검증을 위한 격리 기간을 거쳐, 단계적 야생 적응 훈련을 통해 준비되었을 때 야생으로 방사된다. 풀어 준 뒤에도 모든 개체를 실시간으로 모니터링해 건강상의 문제를 확인하고 적응이 더딜 경우 약간의 먹이를 제공하는 등의 조치를 취하기도 한다. 하지만 그 경우에도 먹이를 사람과 연결 지어 생각하는 일이 없도록 자동화 시스템을 이용한다.[36] 조류의 경우 비행 훈련을 위해 25미터 길이의 비행 터널을 설치해 연습시키고, 포식자에 대해 적절히 반응하도록 훈련된 고양이나 매를 활용하기까지 한다.[37]

이베라 리와일딩 프로그램의 스타 동물은 단연 재규어다. 국내는 물론, 브라질과 파라과이의 여러 시설에서 받은 재규어는 현지 적응을 위해 특별히 설계된 재규어 번식 센터로 들여와 사람에게 의존하지 않고 살아갈 수 있도록 훈련을 거친다. 2015년 한 암컷 재규어가 센터에 처음 들어왔고, 2018년에 첫 새끼가 태어났다.[38] 2020년에 마리우라라는 이름의 암컷 재규어가 두 마리의 새끼와 함께 처음으로 울타리 밖으로 풀려 야생의 땅을 밟았다. 최소 70년 만에 재규어가 이베라 공원의 습지와 숲을 다시 거닐게 된 감격적 순간이었다.[39] 암컷을 먼저 풀어주기로 결정한 이유는 수컷보다 영역이 작아 보호 지역 바깥을 벗어날 가능성이 적고, 나중에 풀어 놓을 수컷은 암컷의 분포에 따라 영역을 설정하기 때문이다.[40] 면밀한 준비 끝에 풀어 준 어미 재규어와 새끼들은 새로운 서식지에 잘 적응했다. 이들에게 이베라 공원은 낯선 곳이었겠지만, 그들의 유전자 속에 각인된 종 전체의 집단 무의식은 이러한 서식지를 기억하고 있는지도 모른다. 그 이후에도 재규어 방사가 꾸준히 이루어지면서 2022년 7월에는 70년 만에 최초로 새끼 재규어가 야생에서 태어나기도 했다.[41] 현재 이베라 공원에는 약 20개체의 재규어가 거닐고 있다.[42]

이제 이베라 공원은 전 세계에서 재규어를 관찰하기에 가장 좋은 곳으로 알려지고 있다. 실제로 직접 관찰하기 용이한 이유는 이베라 리와일딩 프로그램은 재규어 개체군 전체를 속속들이 알고 또 지속적으로 모니터링하고 있기 때문이다. 한마디로 리와일딩 과정에서 얻은 노하우는 곧바로 생태 관광의 노하우가 된 것이다. 이베라를 찾은 관광객의 수는 2015과 2021년 사이 무려 87퍼센트나 증가했고, 코로나19 펜데믹 시기에도 수만 명이 찾아왔다.[43] 야생이 돌아온 덕에 지역 경제도 다시 살아나고 있다. 생태 관광에 직접 관련된 가이드나 야생 동물 전문가는 물론, 숙식과 관광 인프라 관련 직업이 크게 늘면서 공예나 도예 등의 예술 분야까지 그 효과가 퍼져 나가기 시작했다.[44] 핵심종들의 생태적 여파에 대한 과학적 자료도 차곡차곡 쌓이고 있다. 재규어들은 최소 8종을 사냥하는데 가장 수가 많은 카피바라를 잡아먹음으로써 식생이 재생되는 효과를 낳고 있고, 이로 인해 작은 척추동물과 절지동물이 늘어났다.[45] 아울러 타피르가 싼 똥에서 나무 종자가 발아 및 성장하는 것이 확인되고, 개미핥기의 활동으로 곤충 수가 조절되는 경향이 점차 나타나고 있다.[46] 남편과 사별한 후 혼자서도 여전히 야생의 자연이 돌아오는 일에 매진하고 있는 크리스 톰킨스는 리와일딩 세계에선 '영웅'이라는 칭호가 붙은 스타다. 그녀에 대한 다큐멘터리 영화 「와일드 라이프(Wild Life)」를 평한 《뉴욕 타임스》 기사 제목이 그 업적을 잘 요약한다. "한 파타고니아를 다른 파타고니아로 바꾸고 나서, 비극도 그녀를 막지 못했다."[47] 여기서는 가장 유명한 이베라 리와일딩 프로그램을 주로 소개했으나, 칠레와 아르헨티나에 걸쳐 있는 파타고니아 지역에서 톰킨스 부부가 벌인 리와일딩 사업도 훌륭하고 대단하기에 그지없다. 그녀 덕에 이제 파타고니아라는 단어를 들으면 그 광활한 대지와 함께 야생의 힘찬 울음을 떠올리게 되었다.

생태계의 핵심종을 중심으로 전개한 세계의 다양한 리와일딩 시도를 다루다 보면 우리가 속한 아시아의 사례가 눈에 잘 띄지 않는 것이 사실이다. 어떤 분야이든 해외에 선진적 모범 사례가 아무리 많아도, 우리와 사정이 비슷하고 우리에게 시사하는 바가 큰 비교적 근거리의 아시아 사례가 없어서 아쉬운 경우가 많다. 리와일딩의 세계도 예외는 아니다. 그러나 아시아에도 크고 작은 시도가 아예 없는 것은 아니며, 그중에서 특히 핵심종 하나가 제힘으로 성공적으로 돌아왔다. 바로 싱가포르의 수달이다.

싱가포르의 비단수달(Lutrogale perspicillata)은 남아시아와 동남아시아에 분포하는 종으로서 한국수달보다 몸집이 조금 더 크고 이름처럼 매우 매끄러운 털을 자랑한다. 싱가포르는 19세기에 영국 식민지를 겪으면서 농장이 확대되고 자연 생태계가 대규모로 파괴되었다. 서식지를 잃은 수달은 그 수가 급감했고 1960년대에 이미 지역적으로 멸종되어 외부에서 유입되는 개체들만 이따금 발견되곤 했다.[48] 1970~1980년대에 환경 오염에 대한 경각심이 늘어나면서 하천 정비와 수질 개선 사업이 시행되었고 비슷한 시기에 여러 국립 공원도 조성되었다. 그중 하나인 숭에이 불로 습지 공원에 1998년 11월 두 마리의 수달이 그곳에 터전을 잡은 듯 자주 모습을 드러냈다. 이듬해인 1999년과 2000년 새끼가 연달아 태어나면서 번식에 성공했고 급기야 수달이 싱가포르에 공식적으로 돌아왔다는 사실이 알려졌다.[49] 말레이시아 본토에서 분산한 개체들이 조호르 해협을 건너 싱가포르까지 이른 것으로 추정되었다.

아시아에서 가장 발달한 도시 국가 중 하나인 싱가포르는 급속 성장으로 인해 한때 자연 식생의 95퍼센트, 조류의 67퍼센트, 포유류의 40퍼센트를 잃었다.[50] 그러나 1990년대에 싱가포르 녹화 계획을 수립되면서 대기, 하천, 산림 및 기후 변화 등 여러 견지에서 자연을 건강히 회복시키려는 노력이 잇따랐다. 초대 총리 리콴유(李光耀)는 일찍이 도시 국가에서 녹지의 중요성을 강조하면서 1970년대 녹지 정책의 슬로건을 '정원 도시(Garden City)'라고 정했다. 정원의 개념은 더 넓은 녹지의 네트워크로 확대되면서 1990~2010년대의 슬로건이 '정원 속 도시(City in a Garden)'로 변모했고, 이제는 보다 생태적인 비전으로 발전해 '자연 속의 도시(City in Nature)'가 되었다.[51] 도시의 주변부적 요소로 보았던 자연이 이제는 오히려 도시를 품은 전체 집합으로 격상된 것을 이 변천사에서 확인할 수 있다.

싱가포르의 녹지 정책 변화의 전면에 있는 동물이 바로 수달이다. 현재 전체 17가족 약 170마리에 이르는 싱가포르의 수달은 도심으로부터 먼 국립 공원 같은 곳에만 돌아온 것이 아니다. 도심 한가운데에서도 수시로 관찰되고, 수달을 목격하고 찾는 시민들에 의해 SNS에서도 늘 회자되는, 명실상부한 '도시 야생 동물'로서 돌아온 것이다. 2014년에는 싱가포르의 대표적 관광지인 마리나 베이의 가든스 바이 더 베이에 수달이 모습을 드러내어 사람들의 환호를 자아내기도 했다.[52] 정부와 국립 공원 공단, 학계와 지역 단체들은 수달 워킹 그룹을 만들어 수달의 지속적인 공존과 관리를 위해 협력하고 있고, 시민들은 페이스북 페이지(facebook.com/OtterWatch/)에서 매일 수달의 관찰 기록을 올리고 소식을 나눈다.[53] 싱가포르의 고층 빌딩 스카이라인을 뒤로한 채 물에서 노닐고 있는 수달 가족의 수많은 사진들은 야생 수달의 성공적인 귀환은 물론, 고도의 도시 환경에서도 야생 동물과 인간이 공존할 수 있음을 보여 주는 상징과도 같다.

성공적인 귀환은 어김없이 문제도 수반한다. 싱가포르의 강은 침수 방지를 위해 정교하고 복잡한 수로로 정비되어 있는데 별다른 경쟁자 없이 물고기가 풍부한 이곳에서 수달은 '뷔페를 만난 듯' 잘 먹고 잘 산다.[54] 그렇게 물길을 터득한 수달은 분포 범위를 크게 넓혔고 하천을 벗어나 민가나 상업 지구로 진입하기에 이르렀다. 자연스럽게 인간과 접촉하는 빈도가 높아졌고 그로 인해 갈등 상황도 늘어났다. 물고기 사냥의 전문가인 수달은 사람들이 연못에서 기르는 비단잉어도 공략했다. 비단잉어는 매우 고가의 관상용 어류로서 동남아시아에서는 부유층이 즐기는 취미다. 인공적으로 조성한 작은 연못에 도망갈 데가 없는 잉어는 수달 입장에선 너무나 손쉬운 먹잇감이다. 한 호텔에서는 수달로 인한 잉어 손실로 약 8개월 동안 한화로 무려 9000만 원에 이르는 피해를 입었다.[55] 부킷 티마 지역의 한 시민은 키우던 물고기 40마리가 수달에 의해 죽임을 당하기도 했다.[56] 여타의 포식자와 마찬가지로 수달은 밀도가 높은 다수의 먹잇감을 발견하면 먹을 수 있는 양보다 훨씬 많이 살상하는 습성이 있어 죽인 물고기의 대부분은 거의 먹지도 않은 채였다.

사람이 피해를 본 사례도 발생했다. 수달은 습지 생태계의 최상위 포식자로 웬만한 상대에게도 쉽게 물러서지 않는 성질이 있고, 특히 어린 새끼가 있는 경우에는 매우 민감해서 위험하다. 2017년엔 도심 공원에서 5세 어린이가 물리기도 했고,[57] 2022년에는 깔랑 강변 공원에서 수달 사진을 찍으려던 남자가 물려서 상처를 입었다.[58] 그 전해에는 국립 수목원에서 조깅을 하던 한 영국 남성이 앞서간 사람이 수달들을 놀라게 한 덕에 20마리의 수달에 둘러싸여 '10초 동안 26번' 물린 사례가 해외 토픽으로 알려지기도 했다.[59] 수달로 인한 사회적 논란이 생겨나자 수달의 수를 인위적으로 조절해야 한다는 강경책 주장이 일기도 했지만, 당시 리셴룽(李顯龍) 총리가 나서서 "영역을 보호하는 데 집중하기보다 우리의 동식물과 공존하는 방법을 모색해야" 한다고 말하며 사태를 진정시키려고 노력했다.[60] 나라의 최고 지도자가 야생 동물이 일으킨 사회적 문제에 단순히 시민의 편에만 서지 않고 공생을 도모하는 너무나 모범적인 사례가 아닐 수 없다. 실제로 싱가포르 수달의 성공 사례는 폭넓은 사회적 관심, 민관의 협치, 환경 관련된 법률 체제와 녹화 정책의 인프라 확충 등 다양한 요인들의 복합적 효과로 분석되고 있다.[61] 수달과 인간의 공존에 있어서 싱가포르를 롤모델로 부르는 이유가 있다.[62]

싱가포르의 수달은 앞의 사례들과 큰 차이점이 두 가지 있다. 하나는 사람에 의해 재도입된 것이 아니라 동물이 스스로 자연적으로 돌아왔다는 점이다. 또 하나는 어떤 중요한 생태적 기능을 갖는 핵심종이라기보다는 도심 환경에 야생 동물이 돌아올 수 있음을 사회적으로 알리는 측면에서 중요한 종이라는 점이다. 물론 수달 역시 최상위 포식자로서 습지 생태계에서 여러 영향력을 미칠 것이고, 돌아온 수달로 인해 싱가포르 하천 생태계에서 어떤 변화가 일어나는지 조만간 밝혀질 것이다. 그런 의미에서 수달도 엄연히 중요한 생태적 기능을 갖는 핵심종임이다. 하지만 현재까지 싱가포르에서 수달이 보여 준 효과는 생태적인 측면보다는 사회적인 측면이 강한 것이 사실이고, 무엇보다 나름의 위험성을 안고 있는 야생 동물이지만 그들과 인간이 공존할 수 있음을 보여 준다는 점에서 그 사회적인 의미는 더욱 크다고 하겠다.

나도 싱가포르의 수목원을 직접 찾아 물가에서 일광욕하고 있는 수달 가족을 눈앞에서 보면서 야생의 귀환이 얼마나 다양한 양상으로 나타날 수 있는지 실감했다. 평화롭게 졸던 수달들은 너무 가깝게 달리며 지나가는 사람 하나 때문에 갑자기 경계 태세를 갖추었고, 주변의 모든 사람이 숨죽이며 지켜보던 순간이 기억 난다. 다행히 별 소동 없이 사태는 진정되었지만, 이종(異種)이 교차하는 지점엔 늘 긴장감이 기저에 흐른다는 것을 다시 확인할 수 있었다. 그러나 긴장감은 반드시 나쁜 것이 아니다. 사실 야생뿐만이 아니라 모든 관계에 있어서 적절하고 건강한 긴장감은 필수적이라고 말해도 과언이 아닐 것이다. 야생과 우리의 공존은 바로 이러한 균형감에 궁극적으로 의존한다.

8장
리와일딩의 현장 포르투갈 코아 계곡

코아 계곡에서는 헤크 소를 도입해
초식 활동을 통한 경관의 변화를 꾀하고 있다.

현장이라는 말은 가슴을 설레게 한다. 어떤 일이 진짜로 벌어지고 있는 그곳, 실제로 변화가 일어나는 곳이 바로 현장이다. 그 사건과 변화들을 토대로 우리는 이야기를 하고 담론을 만들어내고 움직임을 일으킨다. 물리적 세계에 기반하지 않으면서 순전히 상상만으로 할 수 있는 일도 있다. 하지만 적어도 자연과 관계된 일은 그렇지 않다. 어딘가에 있는 자연과 정직하고도 직접적인 관계를 맺은 실존적 근간이 있어야 자연에 관한 모든 논의가 진정으로 힘을 받는다. 한 공간은 속성상 지리적으로 국한될 수밖에 없기에 그곳으로부터 파생되는 모든 것들도 지역적 한계에 영향을 받는다. 그 한계를 벗어나게끔 하는 것이 생각과 사고, 언어와 문화이다. 어쩌면 인간이 다른 생물에 비해 세상에 가장 크게 기여하는 거의 유일한 분야가 이것인지도 모른다. 그러나 그 모든 것들도 궁극적으로 실제 자연에 기초한다. 지구적으로 생각하고 지역적으로 행동하라고 하지 않았던가. 리와일딩도 마찬가지이다.

자연을 좋아하고 생물을 전공한 사람으로서 생태계가 잘 보전된 곳에 방문하는 것은 직업적 특성이자 큰 혜택이다. 대부분의 사람들이 도심 공원이나 동네 뒷산 밖을 벗어나기 힘든 것에 비해 지구 곳곳의 열대 우림이나 온대 활엽수림, 산악 지대나 각종 습지를 가 보고 또 비교적 장시간 머물 수 있다는 것은 참으로 대단한 축복이다. 그래서 보통은 인간에 의한 훼손이 상대적으로 적은 곳에 가는 경향이 있다. 그나마 온전한 자연을 보고 또 연구하고픈 마음 때문이리라. 그런데 리와일딩의 현장은 그러한 마음과 조금은 배치된다. 그 자연에 아무런 문제가 없다면 야생을 복원할 필요조차 없었을 테니 말이다. 크든 작든 뭔가를 결여하고 있기에 그것을 바로잡으려고 노력하는 사람들이 있고, 그래서 이야기를 전해 듣고 찾아가게 되는 곳은 어딘가 중간적인 성격의 공간이 많다. 즉 자연이긴 하지만 어떤 부정적인 영향력으로부터 회복, 전환 중인 곳이라 완전히 온전한 자연과는 차이가 있는 곳들이다. 얼핏 보기에는 매우 멀쩡해 보이는 곳도 있다. 반면에 과거의 잔해와 영향력이 아직도 강하게 남아 사뭇 황폐해 보이는 곳도 있다. 그 스펙트럼을 따라 각기 다른 문제를 마주한 야생의 자연이 여러 사람의 도움으로 역시 제각기 다른 방식으로 돌아오고 있는 곳. 바로 리와일딩의 현장이다.

리와일딩이 무엇인지 명확하게 정의하기 어려웠던 것처럼, 어떤 사업이 리와일딩에 해당하는지 때로는 판단하기 힘들다. 리와일딩이라고 표방한 사업이 가까이 살펴보면 석연치 않은 구석이 있는 경우도 있고, 반대로 아직 리와일딩에 대해선 몰랐지만 이미 하고 있는 일이 리와일딩이라 봐도 무방한 경우도 있다. 점점 입지가 좁아지는 자연을 위해 뭐라도 하려는 대부분의 자연 보전 활동가들에겐 사실 이런 구분은 크게 중요하지 않다. 자신의 노력이 어떻게 분류되든 한 종이라도, 한 서식지라도 잘 살리는 게 훨씬 중요하니 말이다. 동시에 더 큰 사회에게 이야기가 어떻게 전달되는지도 중요하다. 결국엔 그 사회의 행보가 관계된 자연의 운명을 결정하기도 하기 때문이다. 바로 그 관점에서 리와일딩의 철학과 핵심 사상을 잘 구현하고 있는 현장은 너무나 중요한 가치를 지닌다. 아무리 말로 이론을 떠들어도 하나의 모범 사례가 보여 주는 힘이 다르다는 것을 우리는 잘 안다. 그것은 단순히 한 가지 사례가 아니다. 그 무형의 말을 유형의 일로 체화하기 때문이다. 그래서 리와일딩을 현장에서 실제로 적용하고 구현하는 일을 직접 보는 것도 매우 중요하다. 그중 대표적 현장 하나를 방문한 경험을 여기서 소개하고자 한다.

현장은 이름해 포르투갈의 코아 밸리 프로젝트다. 포르투갈 동북부 스페인과 국경을 인접한 지대에 위치한 이 계곡 지형은 현재 유럽에서 가장 활발히 리와일딩이 벌어지고 있는 곳 중 하나다. 구아르다 현 사부갈 주변의 산에서 발원하는 코아 강은 북으로 흘러 포르투갈의 대표 하천인 두로 강과 합류하고 남으로는 말카타 산맥을 만난다. 강과 계곡을 중심으로 협곡, 참나무림, 관목지대, 올리브 농장, 방목지 등이 혼재하며 펼쳐진 약 31만 8000헥타르의 전 지역을 통틀어 그레이터 코아 밸리(Greater Côa Valley)라 부르고 그곳에서 벌어지는 리와일딩 사업을 약어 GCV로 칭하고 있다. 이 사업의 주관 기관은 2019년에 설립된 리와일딩 포르투갈이라는 비영리 단체다. 실제 사업은 훨씬 전인 2000년에 시작되었는데, 전신이라 할 수 있는 ATN(Associação Transumância e Natureza)이 포르투갈 최초의 민간 자연 보호 지역인 파이아 브라바를 2010년에 세우면서 본격화되었다.[1] 현재는 앞서 소개한 최대의 민간 리와일딩 단체인 리와일딩 유럽과 전략적 동반자 관계를 맺고 유럽의 대표 리와일딩 사이트로 급부상하고 있다.

GCV는 여러 가지 측면에서 주목할 만하다. 우선 이 지역은 농촌 인구가 대거 이탈하고 있는 곳이다. 1960년대부터 시작된 농촌 인구 감소는 현재 유럽에서 가장 높은 토지 방치율이 나타나고 있는 지역 중 하나일 정도로 그 상황이 심각하다.[2] 농민이 땅을 버리고 떠남으로써 자연이 돌아오고 있는 현상은 포르투갈뿐 아니라 유럽 특이적인 맥락으로서 특히 수동적 리와일딩이 벌어질 좋은 기회로서 주목받고 있다.[3] GCV의 경우에는 전통적 가축 사육 및 방목을 더 하지 않는다는 측면이 리와이딩의 결정적인 배경을 제공했다. 왜냐하면 목동이 가축 떼를 데리고 다니면서 풀을 뜯기는 일이 없어지면서, 매우 중요한 생태적 기전인 초식 활동이 사라져 버렸기 때문이다. 농민 이탈 훨씬 이전부터 상당수가 사라졌던 야생 초식 동물의 부재가 한동안은 가축으로 인해 어느 정도 충당되었던 것이다. 그러나 그마저 없어지면서 이곳의 개활지는 점차 관목 지대와 산림으로 바뀌기 시작했다.[4]

아무도 뜯어 먹지 않는 식물 조직은 쌓이고 쌓이면서 그 생물량이 늘어났고 이는 또다른 심각한 문제를 야기했다. 바로 산불이 더 많아지고 거세진 것이다. 포르투갈은 지난 수십 년 동안 남부 유럽에서 산불 밀도와 불탄 면적이 가장 높은 나라다.[5] 마르고 더운 전형적인 지중해성 기후대에 놓인 GCV는 연료 잠재적 연료 역할을 하는 건조된 식물 조직이 늘어나고 여기에 기후변화까지 겹쳐 산불의 강도와 빈도가 모두 크게 증가했다. 과거에는 한 지역이 겪는 산불의 주기가 10년 이상이었다면 현재는 모든 지역이 매 3.2년마다 산불을 겪는다고 한다.[6] 산불은 서식지의 전반적인 파괴와 함께 주변 온도를 더 상승시키고, 토양 침식과 매토 종자(흙 속에 매몰된 종자)의 상실을 가져옴으로써 악순환을 일으킨다. 이 때문에 GCV는 처음부터 산불에 대한 자연적 대응력 회복을 주요 목표로 설정했다.

코아 계곡은 예전부터 중요한 서식지이자 생태 통로였지만 개간으로 인한 서식지 파괴, 사냥 등으로 인해 여러 종이 줄거나 아예 사라졌다. 유럽 전역에서 자취를 감춘 오록스를 비롯해 한때 광범위하게 분포했던 포르투갈아이벡스도 1870년대에 멸종했다.[7] 최근에 수가 복원되고 있는 유럽노루도 과거 과도한 사냥으로 그 수가 대폭 감소했다. 중대형 동물만이 아니었다. 야생토끼조차 바이러스성 출혈열로 인해 지금까지도 매우 낮은 수의 개체군만 남아 있는 상황이다.[8] 그 와중에 부재가 단연 두드러진 동물은 바로 스라소니다.

코아 계곡은 한때 여러 포식자가 건강하게 공존하던 생태계였다. 대형 포식자인 이베리아스라소니(*Lynx pardinus*), 이베리아늑대(*Canis lupus signatus*)를 비롯해 살쾡이, 여우, 그리고 사향고양이의 일종인 제넷(genet)이 포진하고 있었다. 그중에서도 이베리아스라소니는 이 지역 최상위 포식자로서 생태계 전체의 조절자 역할을 했다. 스라소니는 매우 조용하고 기술적인 사냥꾼으로서 중소형 동물은 물론 노루, 사슴, 멧돼지 등도 효과적으로 잡는다. 서식지가 늑대와 겹치는 벨라루스에서는 늑대가 스라소니를 피하는 행동이 관찰될 정도로 강력한 포식자다.[9] 그러나 집약적 농업의 증가와 집중적 사냥으로 1970~1980년대에 멸종 위기에 처했고 1990년대에 포르투갈 땅에서 완전히 사라졌다. 포르투갈의 마지막 스라소니는 코아 계곡 남쪽에 위치한 말카타에서 1992년에 잡힌 개체다.[10] 한때 건강한 스라소니 개체군을 자랑하던 말카타 자연 보전 지역은 그래서 지금도 스라소니 얼굴을 본뜬 로고를 사용하고 있다. 스라소니 부재의 시기가 지속되다 얼마 후 포르투갈 남부에서 2015~2017년 27마리가 방사되면서 재도입이 시작되었다.[11] 그로 인해 포르투갈 내 스라소니는 점차 늘어나면서 퍼져 나갔는데, 현재 코아 계곡에도 간혹 관찰되기도 하지만 아직 정착한 개체는 확인되지 않고 있다.

이런 문제에 착안해 리와일딩을 통해 전반적인 생태적 건강성 회복을 이룩하기 위해 무던한 노력으로 괄목할 만한 성과를 보이고 있는 GCV에 직접 방문할 기회를 얻게 되었다. 우리와 기후대와 생태적 조건은 다르지만 동시에 시사하는 바가 큰 리와일딩 모범 사례의 현장을 경험함으로써 장차 한국에 적용할 지혜를 얻기 위함이었다. 실제로 한반도에서도 유라시아스라소니가 북한에 서식했던 기록이 있어 남한에서도 미래에 재도입할 최상위 포식자 후보 종으로서 고려할 만한 가치가 충분하다. 또한 토끼 등 야생 초식 동물의 감소와 산불 문제의 심화 동도 바로 한국의 자연이 겪고 있는 생태적인 사안들이다. 무엇보다 리와일딩을 힘차게 실천하고 있고, 큰 꿈을 꾸고 있다는 사실이 가장 큰 배울 점이라 판단되었다. 그래서 리와일딩 현장의 생생함을 찾아 나는 포르투갈을 찾았다.

포르투갈 제2시의 도시인 포르투에서 출발해 220킬로미터를 약 2시간 30분에 걸쳐 주파한 끝에 목적지에 도착했다. 바로 리와일딩 포르투갈의 리와일딩 센터다. GCV 활동의 중심이자 리와일딩 생태 관광의 거점으로 기능하는 리와일딩 센터는 현대적인 숙박 및 교육 시설을 갖춤과 동시에 리와일딩 현장과의 근접성을 자랑하는 곳이었다. 발 드 마데이라라는 작고 평화로운 마을 중심에서 마치 가장 중요한 건물인 양 자리 잡은 모습에서 리와일딩이 여기에서 어떤 위상을 차지하고 있는지 짐작하게 했다. 그래도 국내에선 물론 아직 전 세계적으로도 생소하게 여기는 리와일딩을 이 시골 사람들도 다 알고 있을까? 문의한 결과 정확히 단어를 아는 것은 아니란다. 하지만 어떤 일을 하는지는 이제 제법 잘 알려져 있다고 한다.

방문객을 맞이한 현지인 3명은 팀장 페드로 프라타(Pedro Prata), 사업 총괄 마르타 칼릭스(Marta Cálix), 그리고 두 돌도 되지 않은 그들의 아기였다. 원래 서로 알던 것이 아니라 리와일딩 일을 하면서 만나서 가정까지 꾸미게 된 사이. 꿈과 사랑을 동시에 이룩한다는 것이 바로 이런 것이던가? 직장 동료이자 가족이어서 그런지 한국 팀과의 접견도 격의가 없이 자연스러웠다. 인사를 나누고 간단한 건물 투어를 돌고서 로비에서 프레젠테이션을 가졌다. 페드로는 GCV의 역사와 배경, 주요 활동 및 성과, 관련 의제를 간명하게 훑어 주었다. 발표를 들으면서 한쪽 벽에선 진열장 쪽으로 자꾸 눈이 갔다. 리와일딩 관련 상품 여럿이 손님을 기다리고 있었기 때문이다. 티셔츠, 노트, 스티커, 머그잔 같은 통상적인 물건에 더불어 지역 특산물들이었다. 아몬드

페이스트, 잼, 차, 올리브 오일, 향신료, 비누 등 모두 야생의 계곡 주변에서 직접 난 상품들이 선보였다. 그중에서도 맨 아래 멋진 모양의 병이 눈에 띄었다. 리와일딩을 아예 라벨에 내건 와인으로, 두로 지역에서 130년 넘게 있던 시밍턴 가문의 알타노 브랜드의 리와일딩 에디션이었다. 주류 와인 업체에서도 동참하는 리와일딩이 심히 부럽지 않을 수 없었다. 정신 차려 보니 이미 발표는 막바지에 이르고 있었다. 이 짧은 시간 안에 요약하기에는 너무도 많은 활동과 노력이 있었다는 것을 여실히 느낄 수 있었다. 하지만 백문이 불여일견. 직접 가서 눈으로 확인할 일이었다. 말 그대로 바로 옆으로 나가서 말이다.

센터에서 거의 나서자마자 도착한 곳은 리와일딩 포르투갈이 관리하는 세 사이트 중 가장 하나인 에르모 다스 아귀아스였다. 울퉁불퉁한 비포장 도로를 따라 계곡으로 천천히 내려가는 지프 차에서 본 풍경은 남부 유럽의 전형적인 목초지와 관목지가 섞인 채 여기저기 나무가 흩뿌려진 경관이다. 길옆으로 지나치는 나무 몇 그루의 껍질이 크게 벗겨져 있다. 코르크참나무였다. 세계적으로 유명한 와인 및 포트 와인과 더불어 포르투갈은 세계 최고의 코르크 생산 국가이다. 전통적으로 나무에 해가 되지 않게 9년의 주기로 코르크를 채취하는 나름의 지속 가능한 방식이지만, 잦아진 산불이라는 새로운 위험으로 인해 벗겨진 동안 코르크참나무는 화염의 위험에 크게 노출된다. 실제로 죽은 나무도 보인다.

얼마 후 우리는 덤불 지대가 넓게 펼쳐진 곳에 도달했다. 현지 식생에 익숙하지 않은 내 눈에도 어떤 종이 우점하고 있다는 것이 눈에 띄었다. 바로 골담초라 불리는 시티서스속(Cytisus) 식물로 유럽에서 옛날에 빗자루를 만들 때 사용한 종이라 일반명으로 그냥 '브룸(broom)'이라 부른다. 골담초는 자생 식물이지만 개척자 종이라 산불이 태우고 난 땅에 잘 자란다. 척박한 땅에 잘 살고 빨리 자라 당장 토양 안정화엔 도움이 되지만 결국 다른 식물이나 나무의 생장을 억제하는데다 마르고 불에 잘 타는 성질로 인해 산불이 생기면 번지는 데 크게 기여한다. 그렇게 됨으로써 건조함과 산불의 악순환이 계속된다. 리와일딩 포르투갈에서는 골담초가 지나치게 우점하고 있는 지역은 인공적으로 제거함으로써 다른 식물에 기회를 주는 '초기 개입'을 실시한다. 마침 트랙터 하나가 우리 앞을 가로막고 팀장의 지시를 기다리고 있었다. 그 틈을 타 여기에 왜 기계가 투입되는지를 페드로에게 물었다.

"여기는 골담초가 우점하게 자라 차지하고 있습니다. 우리는 이 시점에서 개입하고 있는데 골담초 일부를 제거해서 초원이 생길 수 있도록 합니다. 나중에 도입할 대형 초식 동물이 할 일을 우리가 지금 먼저 하는 거죠. 도입되고 나면 초식 동물들이 이 작용을 이어 나갈 겁니다. 저 울타리 너머로 산이 펼쳐져 있는데 저절로 진화하도록 놔둘 것입니다. 동물들을 저기다 풀어 놓을 건데 그러면 뜯고, 부수고, 먹겠죠. 동시에 이 아래 지역은 계속해서 열린 초원 지대로 놔두는 역할을 할 겁니다. 즉 초식을 통해서 경관을 유지합니다. 현재 우리가 하는 것은 그 천이의 속도를 높이는 것이고, 초식 동물이 도착하기 전에 그 작용이 시작되게끔 하는 일입니다. 개입을 하지 않으면 최근 3~4년마다 일어나는 산불로 인해 언제나 개척자 종인 골담초에게 기회가 주어지는 악순환은 끝이 없습니다. 이 이후에는 거의 개입을 하지 않고, 적어도 이런 규모로는 절대 하지 않습니다. 나중에 이뤄지는 개입은 모두 수동적인 행위로서 감시, 산불 방지, 모니터링 정도입니다."

사람과 기계의 힘에 의한 개입은 어디까지나 일시적인 조치이다. 결국엔 자연계의 구성원들이 알아서 해야 할 일이다. 양골담초뿐 아니라 식생 전반에 초식 압력을 행사할 동물은 그런데 현재로선 그 수가 현저하게 낮은 상태다. 그래서 이들은 소와 말을 도입해 초식 활동을 담당케 하기로 결정했다. 리와일딩 포르투갈의 전신인 ATN이 2005년에 가라노(Garrano) 말 5마리를 도입한 것을 시작으로 2021년에는 소라이아(Sorraia) 말 10마리를 이곳에 풀어 놨다.[12] 둘 다 매우 오래전부터 이베리아 반도에 야생으로 살던 종의 후손 품종이다. 2023년에는 멸종한 오릭스의 후손인 타우로스(Taurus) 소 무리 15마리가 그 뒤를 이었다.[13] 현재는 GCV 내에 말 35~40마리와 소 14마리가 자유롭게 누비며 대형 초식 동물의 영향력을 마음껏 땅에 행사하고 있다.

설명이 끝나기 무섭게 지평선에서 말이 모습을 드러냈다. 좌우로 꼬리를 흔들어 파리를 내쫓으며 평화롭게 풀을 뜯는 말 떼가 곧 시야에 들어왔다. 수컷 하나에 암컷 다섯. 개체에 따라 엷은 줄무늬가 있어 한때 포르투갈의 얼룩말이라 불리던 소라이아 말이다. 말은 많이 봤지만 가축이나 경마의 맥락이 아닌, 반대로 생태학적 역할을 부여받아 자연 서식지에서 '탈가축화' 과정에 있는 말을 본 것은 처음이었다. 어쩌면 저것이 원래 말의 모습이 아니었을까? 관목 사이에서 아무런 안장이나 부착물 없이 주변과 하나가 된 그들을 보며 든 생각이었다. 그때 수컷이 한 암컷에게 짝짓기를 시도했다. 하지만 보기 좋게 거절당했다. 언제나 시도는 할 수 있지만 결과는 보장되지 않는다. 고개를 몇 번털고 원래 하던 대로 돌아간 수컷. 먹이 활동과 짝짓기, 자유로운 이동과 자발적 사회 관계 형성, 이 모든 것들이 일상인 것이 진정한 야생의 삶이다.

"소라이아 말은 원래 야생마의 특징을 잘 가지고 있습니다. 제일 중요한 건 그들의 행동인데 야생적 행동을 여전히 합니다. 위계 질서가 있는 집단을 이루고 사는 사회적 동물이고 자연 속에서 저절로 태어나고, 자라고, 죽는 동물입니다. 가장 중요한 건 늑대와 같이 실제로 말을 사냥하는 포식자가 있는 이런 경관에서 위험에 맞서 집단적인 행동을 하는 특징이 있다는 것입니다. 꼭 늑대가 아니더라도, 가령 개떼가 접근하면 둥그렇게 모여 암컷과 새끼는 뒤에 수컷이 앞에 서서 상대에게 등을 보이지 않으며 마주하는 행동을 합니다. 포식자가 덤비게끔 만드는 신호는 무서워서 등을 보이며 도망칠 때이기 때문이죠. 물론 이런 행동 말고도 떼를 지어 다니며 풀을 뜯고, 한 곳에서 먹은 다음 다른 곳으로 계속 옮겨가는 특징이 있죠. 바로 우리게 원하는 바입니다. 이곳도 초기에 골담초를 제거해서 대부분 초원이지만 곳곳에 골담초가 돌아오기도 했죠. 이제 이 일은 말들 담당입니다."

첫 무리의 말을 떠난 지 얼마 되지 않아 두 번째 무리를 발견했다. 우두머리 수컷끼리는 서로의 존재를 거의 용인하지 않기 때문에 이 정도 근접 거리에서 보게 되는 건 의아하다고 페드로는 말했다. 그런데 이 무리에는 눈에 띄는 멤버가 하나 있었다. 작고 하얀 망아지 한 마리가 어른 말 사이를 수줍은 듯 배회하고 있었다. 인공물이라곤 하나도 없는 드넓은 초원을 배경으로 가족들의 틈바구니에서 자유롭게 야생으로 살고 성장하는 망아지. 어쩌면 바로 이 장면이 리와일딩의 모든 것을 한 폭에 담고 있는 것이 아닐까 생각했다.

망아지에 넋이 나간 우리를 예의주시하던 수컷이 신경 쓰여, 걸어서 가려던 구간을 차로 가기로 했다. 비교적 사람에 익숙한 말이지만, 이곳에선 더 야생적인 동물로 거듭나고 있다는 것을 잊어선 안 된다. 낮은 동산을 지나 빽빽한 나무들 사이를 뚫고 나가니 페드로가 이미 망원경을 설치해 놓고 뭔가를 열심히 보고 있다. 고대를 들어 반대편을 보니 암벽 절벽을 자랑하는 협곡 사이로 코아 강이 흐르는 장관이 눈앞에 펼쳐져 있었다. 망원경은 이미 절벽 한가운데에 툭 튀어나온 암반에 맞춰져 있었는데, 바로 그리폰독수리(*Gyps fulvus*)의 둥지였다.

"독수리들은 청소팀입니다. 사체 또는 사체의 남은 부분을 찾아다닙니다. 그리폰독수리는 사체만을 먹는 종이라서 먹이를 찾는 영역이 매우 넓은데 자신에게 맞는 둥지 터는 매우 한정되어 있습니다. 이런 암벽에다 짓기를 좋아하죠. 이곳에서는 비교적 흔한 그리폰독수리, 포르투갈에서 멸종 위기인 독수리, 그리고 이집트독수리 등 세 종의 독수리가 여기 삽니다."

사체 등을 먹는 뒤처리를 뜻하는 영어 단어(scavenging)에 대한 마땅한 번역어가 아직도 없다. 모든 생태계에는 사체에 의지해 사는 동물이 있는데 이 청소 동물은 영양분 순환과 전염병 확산 방지에 큰 역할을 담당한다. 물론 이들이 살기 위해서는 사체가 충분히, 지속적으로 있어야 하고 이는 건강한 생태계의 필수 지표 중 하나다. GCV 역시 초식 동물의 작용 못지않게 청소 동물의 생태적 효과에 대해서도 중요한 방점을 두고 있었고, 그래서 그들의 개체군을 모니터링하는 것이 주요 업무 중 하나다. 야생 동물이 아직 회복 중인 곳에서 독수리들은 여전히 가축에 크게 의존한다. 그런데 한국과 마찬가지로 포르투갈에서도 현행법상 가축이 죽으면 그대로 방치할 수 없게끔 되어 있다. 리와일딩 포르투갈은 이 문제에 대해서도 팔을 걷어붙였다. 당국과 5년간의 씨름 끝에 2025년 한 농장주에게 합법적으로 죽은 가축을 '방치'할 수 있는 면허가 처음으로 발급되었다.[14] 이제 돈과 시간을 들여가며 죽은 염소를 처리해야 할 필요 없이, 독수리들에게 맡기면 되는 것이었다. 이보다 더한 윈-윈이 있겠는가.

리와일딩 포르투갈은 코아 계곡을 따라 분포하는 여러 사업 부지를 운영하면서 계속해서 땅을 매입해서 면적을 넓혀 가고 있다. 그중 하나가 사이트 중 최남단에 있는 말카타 부지다. 이곳은 포르투갈의 마지막 스라소니가 살았던 곳이지만 멸종 직전쯤 조림지로 조성되었다. 그러면서 자연 서식지가 크게 훼손되었는데, 역설적이게도 폐업 이후 지금은 스라소니를 로고로 쓰는 자연 보전 지역이 되었다. 상징 동물이 사라지면서 그 동물을 얼굴로 한 보호지가 된 것이다. 페드로의 안내에 따라 한때 목재 생산을 위해 일렬로 식재한 나무 사이로 난 넓은 길을 달렸다. 우리 목적지는 조림에 희생되지 않고 원래 식생을 유지한 강가의 땅이었다. 아마도 경사와 위치 때문에 경제성이 적다는 이유로 개발에서 면제된 자투리 땅이었을 것이다. 이 땅 일부를 매입한 리와일딩 포르투갈은 여기에 남은 자생 과실수와 관목이 뻗어 나갈 수 있도록 해 원래의 서식지를 회복시키려 하고 있다. 가는 길에 목표 종 중 하나라고 그가 손으로 가리킨 몇 그루의 나무가 유난히 싱그러워 보였다. 딸기나무(*Arbutus unedo*)라 불리는 식물로 우리에게 익숙한 과일과는 전혀 다른 종이다. 이 종은 개척자 종으로서 토양을 안정화하고, 꽃과 과실로 먹이를 제공하고, 산불에도 강하다. 이런 나무가 다시 돌아와 미소 서식지가 늘어나고, 식생층이 다양해지면서 원래 모습을 회복하면 토끼나 사슴이 이곳을 다시 찾을 것이다. 그러면 자연스럽게, 스라소니도 올 것이다.

도착했다는 말을 듣지 않고도 다 왔다는 걸 알았다. 자연스럽다는 말, 그것이 어떤 모습을 말하는지 분명하게 깨달았다. 인간의 머리에서 나온 규칙성과 무관한 배치와 분포로 자라는 나무와 덤불 사이로 펼쳐진 작은 초원에 해가 따뜻하게 비추었다. 지형이 부드럽게 경사를 타는 방향에서 물소리가 들려왔다. 그 방향을 향해 나는 걸었다. 길고 부드러운 수풀이 바지에 스치는 소리, 이따금 나는 새소리, 곤충의 날갯소리 이외에는 아무것도 들리지 않았다. 젖은 흙의 내음이 진해질 무렵 개울이 보였다. 나뭇잎 사이를 통과한 햇살이 개울에도 도달하고 있었다. 빛에 유난히 반짝이며 회오리처럼 수면 위를 빠른 속도로 도는 작은 생물의 떼가 너무나 매혹적이어서 눈을 뗄 수가 없었다. 물맴이였다. 그 옆에서 웅크리고 앉아 맑고 차가운 물에 얼굴을 씻었다. 아, 여기라면 될 것 같았다. 이곳이 전체의 작은 주변부에 불과한 곳이라도 이런 싱그러움이 발원하는 곳이라면 가능하리라. 이대로, 그저 있는 그대로의 자연이 계속해서 그럴 수 있게

만 해 준다면 분명히 돌아올 수 있을 것이다. 나는 상상과 같은 확신을 했다. 내가 떠난 다음, 이 물가에 조용히 모습을 드러내는 생명을 떠올렸다. 여기서 시작해서 전체로 나아가길. 말없이 나는 기원했다.

9장
DMZ와 한국의 야생

자연에는 사체에 의존하는 동물이 매우 많으며
우리도 그 가치를 이해하고 받아들여야 한다.

야생이 지구촌 곳곳에서 어떤 모습으로 돌아오고 있는지 대표적인 사례를 통해 알아보았다. 물론 이는 실제로 벌어지고 있는 수많은 크고 작은 프로젝트들에 비하면 빙산의 일각이다. 작게는 창문틀의 화분과 정원 한켠에서부터 크게는 광활한 산맥과 숲과 습지의 경관까지 리와일딩은 다양하고 또 야심 차게 전개되고 있다. 지금까지는 육지의 사례에 한해서 소개했지만 바다에서도 야생을 다시 찾는 움직임이 활발하다. 지구의 70퍼센트가 바다라는 점과 육지와는 달리 생물들의 자유로운 이동이 가능하다는 점을 감안하면 바다의 리와일딩이 갖는 잠재력은 매우 높다고 하겠다. 바다의 리와일딩은 별도의 책으로 다루어야 할 만큼 큰 주제로, 이에 대한 가장 좋은 입문서로는 아직 국내에 번역되진 않았으나 찰스 클로버(Charles Clover)의 『바다의 리와일딩(Rewilding the Sea)』을 추천한다.[1] 리와일딩의 배경, 역사, 이론, 그리고 사례까지 접하고 나면 자연스럽게 떠오르는 질문들이 있다. 앞으로 리와일딩의 미래는 어떤 방향으로 가게 될 것인가? 그리고 우리는? 한국의 리와일딩은 없는가?

유행에 민감하고 추세 포착에 능한 우리나라가 유독 한참 뒤처져 있는 분야를 하나 꼽자면 바로 환경 생태다. 우리는 경제 규모, 국민 소득, 올림픽 순위 등의 지표에서는 세계 10위권 안팎을 줄곧 지켜 왔지만 지구 자연에 대한 배려와 실천은 이에 한참 못 미치는 이중적 구도로 살아왔다. 실제로 환경 대응 지수(Environmental Performance Index)는 58위,[2] 기후 변화 대응 지수(Climate Change Peformance Index)는 67개국 중 63위[3]로 평가받는 등 한국의 형편없는 환경 분야 성적은 국제적으로 널리 알려져 있다. 이런 상황에서 리와일딩과 같이 서구권에서도 다소 급진적으로 인식되는 움직임에 동참하지 않고 있다는 사실은 전혀 놀랍지 않다. 현재 한국에서 리와일딩을 내걸고 있는 사업이나 활동은 극히 적거나 없다는 판단이 맞을 것이다. 하지만 그렇다고 해서 한국에 야생이 돌아오도록 하려는 움직임이나 노력이 아예 없는 것은 아니다. 사라진 종을 복원하려는 시도도 다양한 분류군에 걸쳐 여럿 있었고 그중에선 포식자를 재도입한 사례도 있다. 이들은 리와일딩에 해당하는가? 어쩌면 없어졌던 자연이 돌아오고 생태가 풍성해지는 실체 자체에 비하면 그것이 개념적으로 어떻게 분류되느냐는 그리 중요하지 않을지도 모른다. 그러나 리와일딩이 기존의 보전과 유사점이 있으면서도 매우 다르다는 점이 이 글의 핵심 논지라는 점을 상기하면 진정 리와일딩이라 할 수 있는 국내 프로젝트가 있는지 짚어보는 것도 의미가 있다.

한국 리와일딩 사례에 거론될 만한 사업 중 세간에 가장 잘 알려진 것은 다름 아닌 지리산 반달가슴곰 복원 사업이다. 환경부가 2004년 시작해 현재 약 80마리까지 늘어나 목표치로 정했던 최소 존속 개체군 50마리도 예상 시점보다 일찍 초과 달성했을 정도로 곰은 지리산 국립 공원에 자리를 잡은 것으로 보인다.[4] 곰 재도입을 통해 생태계를 복원하고자 한다는 목표가 이 사업의 당초 계획에 포함되어 있었고, 관계자들이 인터뷰에서 곰 복원의 이유에 대해 생태적 근거를 들어 설명하기도 했다.[5] 그러나 그동안 사업의 전개 양상을 보면 생태적 효과보다는 곰 개체수 증식에 초점을 맞춰 온 것이 사실이다. 앞서 리와일딩의 정의를 다룸에 있어서 종의 도입 또는 재도입을 정당화하는 근본 논리가 생태적 역할 및 기능에 있다는 점을 상기하자. 생태적 고려가 아예 없었던 것은 아니지만 전면에 있지 않았고, 그렇기 때문에 그에 대한 체계적인 조사나 연구도 병행되지 않았던 것이다. 내가 아는 한, 지리산 반달곰의 귀환으로 일어난 생태적 효과에 대한 자료로 나와 있는 것은 없다.

최근 들어 늘어난 곰이 분산을 하게 되면서 지리산 국립 공원 권역을 벗어나 김천에서까지 발견되자 곰과 인간의 공존을 강조하는 당국의 기조 변화가 감지되고 있다. 처음에는 지리산으로부터 100킬로미터 떨어진 김천 수도산까지 간 'KM-53'이라는 이름의 개체를 포획해 지리산에 돌려놨지만, 그 후 교통 사고를 당하면서까지 두 번이나 같은 곳을 다시 찾자 국립 공원 공단은 더는 포획, 이주는 중단하고 곰의 의지를 '존중'하기로 했다.[6] 이를 필두로 앞으로는 곰이 다른 지역으로 벗어나도 사람에게 피해만 입히지 않는다면 그냥 놔두는, 개체 관리에서 서식지 관리를 중심으로 사업의 방향을 바꾸기로 했다고 발표했다.[7] 개체군 증가로 인해 불가피한 면도 없지 않지만, 통제식 관리에서 자연적 분산의 행동을 인정하는 관리 방향의 선회는 리와일딩의 철학 일부와 맥을 같이한다고 볼 수 있다. 그러나 한 개체가 불굴의 의지를 발휘한 덕에 소폭 허용된 '거주 이전의 자유'는 너무나 점진적 개선이며 리와일딩의 표방하는 전격적인 야생의 귀환과는 격차가 크다고 할 수 있다. 인간의 개입이나 관리를 최소화하는 것은 생태적 효과와 함께 리와일딩의 두 가지 핵심 성분이다. 그것은 분산 행동뿐 아니라 곰의 행동 생태 전방위에 해당하는 주도권의 이양을 의미한다. 권역을 벗어난 개체에 대한 존중은 매우 환영할 만하나 그보다 한층 더 나아가 곰의 영역인 숲 안에서는 공존의 원칙을 지킬 의무가 인간에게 훨씬 크다는 점을 확실시하는 것이 필요하다. 인간과 반달가슴곰의 생태적 공존을 추진한다는 환경부의 정책 브리핑에도 여전히 이런 부분이 미약하다는 것이 확인된다.[8] 이와 함께 곰 복원의 생태적 맥락이 미래에 강조된다면 리와일딩 사례로 볼 수도 있을 것이다. 그때까지 지리산 반달가슴곰 복원 사업은 리와일딩이라기보다는 전통적 자연 보전 사업에 해당하는 것으로 보는 것이 타당하다.[9]

한국에서 리와일딩의 관점에서 무척이나 흥미로운 곳은 다름 아닌 비무장 지대인 DMZ이다. 인간의 영향력이 멈춘 지 무려 70년이 지난 이곳은 명실공히 한반도를 대표하는 야생의 자연 공간이다. DMZ는 일찍이 과학적으로 독보적인 사이트로 일컬어졌고 1990년대에 와서는 국제적으로도 그 생태적 가치가 인정되면서 DMZ 일원을 보전해야 한다는 필요성이 더욱 강하게 제기되었다.[10] 폭은 4킬로미터에 불과하지만 길이는 248킬로미터로 한반도를 좁은 띠로 가르는 이곳에선 습지, 초지, 산림, 산악, 그리고 농경지까지 다양한 서식 환경이 발견된다. 한국 생물 전체 중 양서류 71퍼센트, 포유류 52퍼센트, 조류 51퍼센트, 식물 34퍼센트가 발견되며, 출입의 제한과 지뢰 등의 문제로 전체가 다 충분히 조사되지 못한 점을 감안하면 실제 수치는 더 높을 것으로 예측된다.[11] 이러한 이유로 남북 분단의 상징으로서 DMZ를 평화의 공원으로 지정하려던 과거의 움직임은 이제 '생태 평화 공원'으로 그 방향이 재설정되는 추세다.[12] 철원군에서는 이미 이 이름을 사용한 공원을 운영하고 있지만, 한 지자체의 수준을 넘어서는 규모와 성격으로 DMZ 전체가 보호되기를 바라는 국제 사회의 목소리는 날로 커지고 있다.

사람의 손길이 닿지 않은 채 장시간 유지되었다는 이유로 DMZ는 생태의 보고로 알려져 있지만, 학계 일부에서는 실상이 그와 다르다고 지적한다. 일반적인 인간 활동은 없지만 군사 활동은 꾸준히 벌어져 왔고 이로 인해 동식물상이 교란되어 있고,[13] 조사된 곳 중 상당 부분이 교란 후 자라는 이차림으로 구성되어 있다고 한다.[14] DMZ가 천혜의 자연이라는 대중적 이미지가 실제로 생태학적으로 어떤 모습인지는 현재로선 정확히 알 수 없다. 그런데 어쩌면 바로 그렇기에 리와일딩에 대한 기대감이 모이는 곳인지도 모른다. 어떤 야생이 얼마나 있는지 모르지만, 학자들의 말처럼 교란 요소가 많다면 그를 제거함으로써 생태적으로 더욱 풍부해질 잠재력도 그만큼 많은 곳이 바로 DMZ이기 때문이다.

의도치 않게 야생이 돌아온 경우를 두고 '의도하지 않은 리와일딩(unintentional rewilding)'이라 부른다. 그런데 이 용어는 주로 생태적 복원을 목적으로 하지 않은 상태에서 생물을 도입하는 경우를 지칭한다.[15] DMZ의 경우 휴전으로 인한 출입의 통제가 자연의 재생을 가져온 주된 원인이기에 '우연적 리와일딩(accidental rewilding)'이라 부르는 편이 더 적합할 것이다.[16] 지금까지 DMZ가 오늘날의 모습으로 있을 수 있었던 과정이 우연적이었다면 앞으로 DMZ가 갖출 수 있는 더 야생적인 모습은 보다 의도적인 과정을 거쳐 탄생할 수 있다. 인간의 본위대로 설정하고 디자인한다는 의미에서 의도적이라는 것이 아니라, DMZ가 가진 지리적, 생태적 문제를 파악하고 이를 최대한 극복할 수 있도록 제한 요소를 풀어 주고, 부족한 동식물상이 들어가 자리 잡을 수 있도록 도모한다는 의미의 의도적 과정을 말한다. 현재 DMZ는 남북으로 4킬로미터밖에 되지 않은 긴 선형의 기형적 서식지이며 파편화되기 쉽다. 또한 철조망은 많은 동물의 이동을 제한해 왔기 때문에 개체군 역학과 유전자 흐름의 관점에서 여러 문제를 초래했고 지금도 하고 있을 것이다. 동물의 이동 제한은 곧 식물의 분포 제한과도 연결된다. 최상위 포식자나 대형 초식 동물의 부재의 문제도 있다. 바로 이러한 사안들에 접근함에 있어서 리와일딩의 관점을 가지고 DMZ를 더욱 풍부한 야생의 공간으로 만드는 데 사회적 합의가 이루어진다면 그야말로 전화위복이라 할 수 있을 것이다.

전쟁의 상흔을 생태 평화적 야생의 공간으로 치유하는 꿈은 언젠가 가능할지 모르지만 현재로선 요원한 미래다. 공통의 생태적 비전을 향한 남북의 협력을 기대하기란 너무나 갈 길이 멀어 보인다. 하지만 적어도 남한에서라도 DMZ의 자연에 대한 새로운 접근법을 시도한다면 미래에 대한 좋은 준비가 될 것이다. 게다가 이미 그에 해당한다고 볼 수 있는 독특한 사례가 하나 있다. 바로 DMZ와 민통선 권역에서 일어나고 있는 농민과 두루미의 공존이다. 벼농사로 인해 생긴 광범위한 논습지는 다양한 생물이 서식하는 공간이지만, 농민의 배려와 상관없이 사는 중소형 동물이 대부분이다. 그러나 철원의 경우 농민들이 두루미라는 대형 동물과 적극적으로 논을 나누어 사용하는 행동이 일어나고, 두루미의 활동이 토양의 영양분을 개선하는 생태적 효과까지 나타나는 등 리와일딩이라 부를 수 있는 양상이 나타난다. 동물 자체를 도입한 것은 아니지만, 지역 주민들이 야생 동물과 공존을 위해 노력하며 생태적 기능의 복원도 도모한다는 점에서 매우 고무적인 사례라 하겠다.

두루미(*Grus japonensis*)와 재두루미(*Grus vipio*)는 DMZ 내 습지 서식지와 철원 민통선 지역의 벼농사로 발생하는 풍부한 먹이를 찾아 방문하는 겨울 철새이다. 가을 추수가 끝난 논엔 두루미가 찾아와 지내는데, 농민들은 이를 위한 적극적인 배려의 조처를 한다. 가령 추수가 끝난 뒤에도 논에 물을 대서 습지 환경을 유지하고, 볏짚을 전부 제거하지 않고 잘라서 논에 뿌려 주어 먹이를 제공한다.[17] 벼 생산과 직접적인 상관이 없어도 주변의 식생과 생물을 제거하는 국내의 일반적인 논농사 행태와 크게 차별화되는 점이다. 논을 산업적 영농 공간으로 보지 않고 화학 약품 대신 오리나 큰구슬우렁이를 활용한 유기 농업 운동이 이전부터 전개되어 왔다는 점도 큰 몫을 했다.[18] 농민들의 이러한 접근법은 논 습지의 생물 다양성이 풍부할 수 있게 했고, 습지 생태계의 회복은 두루미들에게 더 나은 서식지를 의미했다. 놀랍게도 두루미의 활동으로 논의 토양의 질도 향상되었다. 두루미의 먹이 활동과 분변으로 논의 미생물 활동이 증가했다. 두루미가 있는 토양은 대조군에 비해 미생물 생물량이 3배 높았고, 세균과 균류의 미생물 다양성이 훨씬 높았다.[19] 두루미 활동의 생태적 여파가 논농사에까지 반영될 수 있는 대목인 것이다.

두루미와 농민의 능동적인 공존, 그로 인한 생태적 효과에 대한 생화학적 분석까지 나와 있는 이 사례는 국제적으로도 가치가 높은 리와일딩 사례라 해도 무방하다. 우리가 계속해서 야생의 자연과 이런 종류의 '윈윈' 관계를 다양하게 맺고 살 수 있다면 한국 리와일딩의 미래는 매우 밝을 것이다. 그런데 한 발 물러나 생각해 보라. 철원 농민과 두루미의 사례는 대중적으로 보면 거의 알려져 있지 않다. 정부도 농민들의 이러한 노력을 생물 다양성 증진의 노력으로 보고 환경부가 보전 지원금을 제공하고 있지만,[20] 이를 롤모델로 격상 및 활용하고 있지 않다. 즉 좋은 사례임에는 분명하나 자연 보전의 새로운 담론의 형성에 크게 기여하지 못하고 있는 것이다. 바로 이것이 리와일딩의 패러다임에 주목할 만한 이유다. 곳곳에서 산발적이고 동떨어져 일어나고 있는 자연 보전 노력의 여러 구슬을 한 실로 꿰고, 그러면서 동시에 과학과 철학을 바탕으로 한 미래상을 제시한다는 점에서 무척 중요하다. 전 세계의 자연 보전 조류에 동참하며 향후 DMZ와 같은 공간에 대해서도 궁극적인 비전을 제시하고 협력하는 사상적 틀로서도 의미가 있다. 그래서 리와일딩을 진지하게 검토하고, 공부하고, 우리의 실정에 맞게 도입하는 것이 필요하다. 그러기 위해서는 우선 알려져야 한다.

리와일딩을 국내에 본격적으로 도입하고 사회적으로 널리 알리려는 시도가 있는데 바로 생명다양성재단에서 벌이고 있는 리와일딩 사업이다. 생명다양성재단은 생명과 다양성을 핵심 가치로 삼고 과학을 바탕으로 환경에 대해 알고, 표현하고, 실천하는 것을 목표로 하는 단체다. 일찍이 몽비오의 『활생』을 읽고 리와일딩을 접했던 나는 책을 한국어로 번역하는 작업을 시작으로 리와일딩 분야를 탐색해 왔고, 대표로 재직하고 있는 재단을 통해 활동을 본격화했다. 그래서 리와일딩의 의미와 중요성을 한국 사회에 널리 알리고 담론을 대중화하기 위해 "야생의 재시작"이라는 이름의 사업을 2024년부터 전개해 왔다. 본 재단은 창작 집단 '이야기와 동물과 시'와 함께 리와일딩을 학술, 문화, 예술적으로 소개하는 "리와일딩 주간"을 2024년 9월에 기획, 개최했다. 리와일딩 주간은 학술 대회 "아시아 리와일딩 포럼", 토크 "이야기와 야생과 시", 다큐멘터리 시사회 "리와일딩 아시아", 그리고 전시 "참을 수 있는(없는) 존재의 야생성"으로 구성되었다. 리와일딩을 내건 행사가 국내에서 최초로 열린 것이다.

학술 행사 "아시아 리와일딩 포럼"은 아시아 리와일딩의 최전선에서 활동하는 사람들이 야생의 과학과 실천을 논하는 최초의 아시아 리와일딩 컨퍼런스였다. 일본, 싱가포르, 몽골, 인도네시아, 한국의 활동가와 과학자 들이 한데 모여 리와일딩의 현주소를 타진했는데 일본 늑대 협회, 싱가포르 네이처 소사이어티, 몽골 사라나 자연 보전 재단, 인도네시아 오랑우탄 정보 센터에서 참여했다. 각자 다른 생태, 다른 방식으로 펼치고 있는 아시아 리와일딩의 이야기는 이제 리와일딩이 서구권에만 행해지는 움직임이 아님을 분명히 했다. 아시아 단체들의 활동은 같은 시기에 제작된 다큐멘터리 「리와일딩 아시아」로도 재차 소개 및 배포되었다. 토크 "이야기와 야생과 시"는 '우리는 얼마나 야생을 맞이할 준비가 되었는가?'라는 질문을 중심으로 시인, 에세이스트, 원주민 연구자와 함께 지금을 사는 현대인이 잊거나 잃었던 야생적 감수성의 회복을 이야기했다. 전시 "참을 수 있는(없는) 존재의 야생성"은 현대인이 야생과 다시 마주하기 위해 필요한 마음가짐과 감각에 초점을 맞춰, 낯설고 위험한 야생 동물, 괴상한 소리, 죽음과 부패의 불편한 광경 등 그동안 몰랐거나 외면했던 장면과 감각을 선사했다. 국내에 처음으로 리와일딩을 소개한 이 시도의 취지를 이 책에서도 이어 나가기 위해 전시의 초대 글 하나를 싣는다.

> 갤러리에서 야생을 표현합니다. 모순 어법이나 다름없습니다.
> 굴곡 하나 없는 이 하얀색 정육면체 안은
> 아무것도 살 수 없는,
> 또 살아서는 안 되는 보여 주기만을 위한 공간이 아닌가요?
> 바로 그렇기에 어쩌면 여기가 제일 맞춤한 장소입니다.
> 야생의 존재감을 가장 적나라하게 드러내기에.
> 두려운 존재, 괴상한 소리, 불편한 광경,
> 야생성의 몇 가지 얼굴입니다.
>
> 야생의 자연이 돌아오도록 노력하는 이들이 있습니다.
> 이름하여 '리와일딩'을 통해 훼손된 생태계를 회복하되
> 궁극적으로 자연에 결정권을 넘기는
> 새로운 인간-자연 관계 패러다임입니다.

기후 위기와 생태계 파괴의 시대 한중간에 사는 인류가 찾은
망가진 자연과의 균형감을 회복하고자 하는 움직임입니다.
그래서 다시 야생으로 만든다는 표현을 쓰는 것이고
그래서 근본적인 변화를 필요로 하는 것입니다.

그 변화의 시작점은 우리입니다.
우리의 태도, 마음가짐, 감각 그리고 감수성입니다.
야생이 돌아오려면
우리가 이들을 수용할 수 있어야 하기 때문입니다.
꼭 환대는 아니더라도 이해하고
삶의 일부로서 받아들여야 합니다.
무엇보다 존재의 야생성을 참을 수 있어야 하는 것입니다.
야생 동물들이 우리를 견디기 힘들어함에도 불구하고
참고 인내하는 것처럼 말입니다.

우리가 참을 수 있는 야생성과
우리를 참을 수 없는 야생성이 공존하는 곳,
그곳으로 여러분을 초대합니다.

담론을 널리 알리는 일은 실천이 뒤따를 때 효과가 배가된다. 그래서 생명다양성재단은 오직 야생에게 돌려주는 것을 목표로 하는 리와일딩 사업인 "야생 신탁"을 실시했다. "야생 신탁"은 인간의 소유 개념인 '부동산'을 자연의 '생명 공동체'로 환원하는 리와일딩 철학에 기반한 사업이다. 말 그대로 '야생에 믿고 맡기는' 땅이기에 "야생 신탁"인 것이다. 리와일딩을 목표로 내건 최초의 모금 사업으로 전개된 "야생 신탁"은 목표치 도달에 성공해 2024년 말에 경기도 파주 장곡리 땅 약 400여 평을 매입했다. 리와일딩의 원칙이 지켜질 수 있게 독립적인 '땅 위원회'를 설치하고 있으며, 작은 면적의 토지로 시작한 점을 고려해 수동적 리와일딩으로 방향을 잡고 운영하고 있다. 즉 아름다운 '방치'가 이곳에서 시작되는 것이다. 리와일딩의 생태적 여파를 조사하기 위해 오소리 토양 교란 작용 효과, 설치류 활동 모니터링 등의 연구도 병행된다. 실제로 2025년 상반기 동안 이루어진 이곳에서의 생물상 조사 결과, 2025년 6월 현재 식물 99종, 균류 32종, 양서파충류 8종, 곤충류 43종, 포유류 3종이 누적 집계되었다. 작지만 나쁘지 않은 나름의 야생의 시작이다.

리와일딩을 다각도로 알리는 시도와 다양한 사례들을 종합해 본다면 이제는 한국에서도 리와일딩이 벌어지고 있다고 말할 수 있을 것이다. 아직은 그 개념이나 접근법이 제대로 자리 잡은 것은 아니지만 몇몇 시도들에 대한 시민 사회의 뜨거운 반응을 보면 우리나라에서도 리와일딩의 잠재력은 높다고 판단된다. 이제 외연을 더욱 넓히고 더욱 능동적으로 리와일딩을 주류화하는 것이 다음 과제라 하겠다.

10장
야생의 십계명

수마트라코뿔소처럼 극단적 멸종 위기에 처한 종도
자유 진화의 미래가 주어지길, 리와일딩은 꿈꾼다.

포르투갈 코아 계곡은 잦은 산불로 인한 개척자 종의 우점을 야생 복원을 통해 극복하고, 천이 과정을 촉진해 원래의 산림-초원 혼합 지대가 자생하도록 하는 리와일딩 사업의 현장이다.

코아 계곡 프로젝트는 폐광산이었던 곳을 매입해 습지를 조성해 생태계 복원을 꾀하기도 한다.

리와일딩 포르투갈의 리더인 페드로 프라타가 리와일딩 센터에서 우리를 맞이하고 있다.

골담초의 우점을 방지하기 위해 첫 단계에서 제거하는 것을 제외하고 인간 개입은 최소화한다.

사라진 대형 초식 동물의 기능을 복원하기 위해 소라이아 말을 풀어 놓아 야생적으로 살도록 해 말들의 초식 활동으로 자연스럽게 경관을 유지하는 것이 목적이다.

말카타 자연 보호 구역은 이 지역 최상위 포식자인 스라소니의 마지막 서식지였다. 조림 사업으로 많은 부분을 상실했지만 원래의 식생이 보존된 곳을 중심으로 리와일딩이 전개되고 있다.

청소 동물인 독수리류의 청소 작용도 매우 중요한 리와일딩 사업 의제 중 하나로서 지속적인 모니터링을 필요로 한다.

매입 이전 "야생 신탁" 부지에서는 농사를 짓고 있었다.

농경 시설을 걷어내고 자연의 작용이 벌어지도록 토양을 노출시켰다.

부지에 경작을 하지 못하도록 함과 동시에 땅의 경계를 표시하기 위해 표지판을 달았다.

쓰레기를 청소한 후 진입로에서 본 전경.

얼마 지나지 않아 훌쩍 녹화된 "야생 신탁" 부지.

자연에게 기회만 주면 자연은 언제나 응답한다. 무성하게 자란 "야생 신탁" 부지의 늦여름.

"야생 신탁" 부지 바로 옆, 산으로 올라가는 샛길에서 멧돼지가 모습을 드러냈다.

생명다양성재단은 서울대 야생 동물학 연구실과 "야생 신탁" 부지 인근에서 오소리 연구를 펼치고 있다. 기본적인 조사와 더불어 오소리의 땅파는 행동의 생태적 효과에 대한 연구도 수행 중이다.

2024년 국내 최초로 열린 리와일딩 행사 포스터. 인간과 야생 세계의 중첩, 상호 침투를 표현했다.

"참을 수 있는(없는) 존재의 야생성"이라는 제목으로 개최된 리와일딩 전시회는 야생이 돌아온다면 이를 받아들일 수 있는 우리의 자세와 태도에 대한 내용을 표현했다.

늘대는 얼핏 무서운 존재로서 다른 동물을 죽이기만 하는 듯하지만 실은 그 모든 생물이 늑대가 조절해 주는 생태계에 의존한다는 사실을 표현했다. 정찬윤 작가의 섀도 아트.

한 생명의 죽음은 다른 생명의 축제가 되는 것이 자연의 섭리다. 사체에 의존하는 생물이 무척 많기에 그 죽음을 자연스럽게 받아들이는 것이 야생성을 수용한다는 의미로, 검은 메이폴을 중심으로 각종 사체와 다녀간 동물의 흔적으로 표현한 작품이다.

"이야기와 야생과 시" 행사에서는 현대인이 잃은 야생적 감수성을 회복하는 시간을 가졌다. 정혜약 PD가 초대 손님 늑대를 인터뷰하고 있다.

"아시아 리와일딩 포럼"은 아시아 5개국에서 활동하는 리와일딩 활동가를 한 자리에 모아 주요 사례를 소개하고 논의하는 아시아 최초의 리와일딩 학술 행사였다.

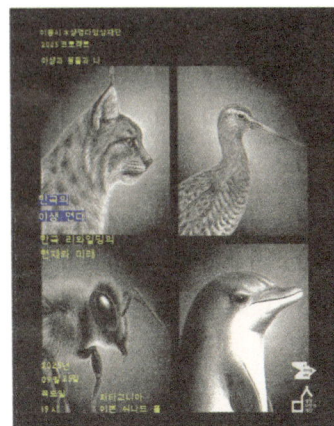

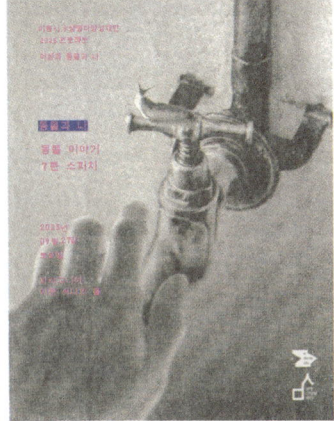

2025년 리와일딩 프로젝트 "야생과 동물과 나" 행사 포스터들.

앨런 와이즈먼(Alan H. Weisman)이 2007년에 발표한 『인간 없는 세상(The World without Us)』은 말 그대로 인류가 자취를 감춘 후의 세상에 대한 상상이 담겼다. 지구에서 인간이 사라진 후 도시 체제에 적응했던 생물들이 하나씩 없어지고, 숲이 도로와 건물을 잠식하며 세상에 원시림으로 덮이는 모습이 국내판 표지의 그림에도 잘 드러난다.[1] 영화에서 단골로 다루는 주제이자 누구나 한 번쯤 생각해 봤을 장면이다. 자연이 문명을 집어삼켜 궁극적으로 '승리'함으로써 인류가 그간 저지른 온갖 과오와 갈등의 역사가 깨끗하게 종식되는 이 시나리오는 한편으로는 공포

스럽고 다른 한편으로는 정의롭게 느껴지는 이중적 힘으로 우리에게 다가온다. 픽션이나 상상 속에서나 등장하는 장면이지만, 공교롭게도 최근에는 현실적 가능성을 띤 채로 소환되는 이미지가 되었다. 바로 리와일딩 하면 사람들이 떠올리는 상 중 하나이기 때문이다.

야생의 개념 자체가 인간의 손이 닿아 길든 자연과 반대되는 무엇으로 인식되어 왔기에 이러한 생각은 자연스럽다. 인간과 자연을 엄격하게 대항적이고 길항적인 관계로 보는 관점에서 한쪽의 확대는 다른 쪽의 축소다. 그런 틀 안에서 야생을 증폭시킨다는 것은 인간의 후퇴만을 의미한다. 산업화 시대부터 지금까지 우점한 인간의 과도한 영향력이 지구를 이 모양 이 꼴로 만들어놨으니, 이제부터는 전세가 역전되어 자연이 우점할 차례가 되어야 마땅하다는 사상이 아니겠는가? 전형적인 인간 혐오 또는 반문명적 사관이요, 인간을 위한 자연의 파괴를 정당화했던 그 케케묵은 이분법에 근거하고 있는 잘못을 저지르고 있다! 리와일딩에 대한 가장 흔하고 또 대표적인 비판의 골자이다. 꼭 부정적인 시각에 비추어 논의를 전개해야 하는 것은 아니지만, 그동안 야생의 자연과 힘겹게 투쟁해 온 인류의 역사를 돌이켜보았을 때 충분히 답해야 할 가치가 있는 지적이다. 리와일딩은 실제로 반문명적이고 인간 배타적인가? 리와일딩의 미래는 인간 없는 세상인가?

모든 것이 그렇듯, 하나의 집합 안에서도 여러 갈래가 있다. 리와일딩도 예외 없이 극단적인 성향과 중도적인 성향이 모두 발견된다. 그러나 아무런 공통 분모도 없이 제각기 다른 철학을 추구하는 온갖 계파를 헐겁게 묶어서 리와일딩이라 부르진 않는다. 초창기에는 물론 지금도 다양한 시도들이 리와일딩이라는 이름으로 수행되는 것은 사실이고, 그중 인간-자연의 고전적 이분법을 방향만 바꿔 그대로 따르는 듯한 사례도 있다. 그러나 리와일딩의 역사와 정의를 다룬 앞선 장에서 언급했듯이 리와일딩은 성장하는 동안 내내 숱한 논의와 검증과 정리의 과정을 병행해 왔다. 여전히 계속되고 있는 논란은 그 작업이 아직 끝나지 않았음을 보여 주고는 있지만, 동시에 비교적 꼼꼼하고 치밀하게 개념적 토대를 다져 왔다는 사실도 반증하고 있는 셈이다. 그래서 결론부터 말하면 리와일딩은 그 나물에 그 밥은 아니다.

먼저 인간 없는 세상이라는 미래상에 대해 살펴보자. 리와일딩은 자연에 대한 인류의 태도를 대폭 변화시키는 데에 방점을 둔다. 문명을 저지하거나 축소하는 데에 방점을 두지 않는다. 다분히 문명 비판적인 철학을 바탕으로 하지만, 인간이 자연을 통제하고 재단하는 관점과 방식에 그 비판의 초점이 맞춰져 있지 자연에 의한 문명권의 대체를 목표로 하지 않는다. 인류 문명권 자체에 대한 생태적 비판은 오히려 지속 가능성 연구나 저성장 및 탈성장주의, 그리고 심층 생태학 분야에서 본격적으로 취하는 관점이다. 리와일딩은 인간의 자중이나 억제보다는 자연의 번창과 해방에 무게중심을 둔 사상이자 움직임이다.

리와일딩은 자연이 번창하길 원하지만 이를 위해 인간 세계의 헌납을 요구하지 않는다. 농부들의 땅을 빼앗거나 원주민을 쫓아내고 보호 지역을 만드는 이른바 성곽 보전(fortress conservation) 또는 에코 파시즘과는 거리가 멀다. 리와일딩은 일반적으로 이미 있는 자연을 더 생태적으로 풍부하게 만드는 데에 주력한다. 현재 아무리 관리가 잘 된 국립 공원이라도 이미 생물상이 현저하게 줄어든 상태라면 이를 회복시키고자 하는 게 리와일딩이다. 즉 단순히 녹지를 야생으로 만들고자 하는 것이다. 인간이 이용하던 땅이 리와일딩의 대상지가 되기도 한다. 그런데 이의 대부분은 사회 경제적 이유로 주인이 떠난 농지나 폐공장 부지 같은 곳들이다. 가령 농촌 이탈 현상이 심각한 유럽에서 고산 지대 농경지를 중심으로 방치된 땅에서 수동적인 리와일딩이 일어나는 경우다.[2] 특히 농업 보조금 등의 정부 지원금으로 간신히 유지되던 많은 농지들이 정치적 변화로 인해 더는 수익을 내지 못하고 버려지는 경우도 많고, 그 결과 야생이 돌아올 기회가 생기는 것이다. 앞서 살펴본 사례에서 사유지나 토지 매입으로 리와일딩을 하는 경우도 있었는데 그 덕에 경제적으로 긍정적인 효과가 늘어났지 사람들이 축출되거나 하지는 않았다.

인간은 리와일딩에서 핵심적인 요소다. 도시나 농촌은 물론 자연 보호 지역 내에서도 현재 세계적으로 2억 5000명 이상 거주하고 있다.[3] 그들이 자연과 어떤 관계를 맺느냐는 그곳의 생태계에 지대한 영향을 끼친다. 과거에는 토착민들을 문제의 원인으로 보았다. 생태계 훼손과 다양성 상실을 일으키는 자들로서 자연 보전 정책을 위로부터 강제해야 하는 대상이었다. 그러다가 2000년대에 들어 거버넌스 논의가 활발해지면서 이들은 도시인들의 부정적인 영향력으로부터 자연 경관을 지키는 해결책으로 변모했다.[4] 리와일딩의 시대가 열린 지금은 토착민과 도시인, 농부와 과학자, 정부와 지역 사회가 모두 이해 당사자로 참여하는 열린 자연 보전의 장이 형성되고 있다. 종의 도입과 생태계 변화, 그에 대한 사회 문화적 수용 및 경제성 창출 등 리와일딩에 필요한 제반 요건은 모두의 참여로만 가능하기 때문이다.

인간이 야생의 방문자이든, 조력자이든, 일부이든 인간이 리와일딩의 필수적인 한 부분이라는 데엔 폭넓은 공감대가 있다.[5] 그런데 그보다도 더 근본적인 이유가 하나 있다. 바로 인간의 경험을 위해서다. 몽비오의 말처럼 '생태적 권태'에서 벗어나[6] 하나의 생명으로서 마땅히 접하고 누려야 할 진정한 자연과 마침내 연결되기 위해서 필요하다. 자연 자체를 위해서도 필요하지만 인간-자연 관계가 재설정되기 위해 필요한 것이다.

인간과 자연의 관계가 달라지면 문명도 달라질 것이다. 그리고 자연도 달라질 것이다. 지금까지도 굳건한 자연 착취, 자연 통제, 자연 배타적 태도에 전방위적인 변화가 일어난다면 인간의 사는 모습도, 문명의 작동 원리도 변할 것이다. 경계를 짓고 구분 짓는 방식이 달라지면 문명과 자연이 예전과는 다른 방식으로 섞일 것이고, 그러면 무엇이 문명이고 무엇이 자연인지도 불분명해질 것이다. 과거에 비해 훨씬 자연의 존재감이 큰 도시도 많아지고, 인간이 손쉽게 경험할 수 있는 야생의 자연도 더 많아진 모습을 그려 볼 수 있다. 자연을 보다 야생적으로 되게끔 함으로써 궁극적으로 인간의 모습도 변화시키는 것, 어쩌면 이것이 리와일딩이 추구하는 목표다. 자연이 인간의 영역을 침투해서 결국 지배하는 형국이 아니라, 자연을 자연답게 하는 과정에서 인간의 영역이 자연스러워지는 양상 말이다. 야생의 귀환을 실현하고 환대하다 보면 우리는 어느새 달라져 있는 스스로를 발견할 수밖에 없다. 우글거리는 생태계에 심취하고 그 신비에 물든 사람이, 잡초 하나까지 말끔히 제거된 주거 단지로 귀가하고 싶을 마음이 들기란 만무하기 때문이다.

자연 영역과 인간 영역에 대한 말은 자연스럽게 이분법의 논의로 넘어오게 해 준다. 리와일딩은 자연이 어떤 모습으로 있어야 하는지에 대해 인간이 결정하지 않는 것을 추구한다. 인간이 자연의 일부로서 참여조차 하지 않는다는 뜻은 아니다. 인간은 자연의 일부로서, 생태계의 일원으로서 참여한다. 인간의 섭식, 경제, 문화 활동으로 자연과 상호 작용하고 그럼으로써 자연에 영향을 미친다. 인간으로 인해 생긴 생태적 문제를 수정 또는 완화하는 방식으로도 기여한다. 그러나 더는 최종 결정권자로서 군림하지 않는다. 인간이 자연의 생태와 진화에 미쳐 온 과도한 영향력을 반성하고 자연 자체의 추동력이 제힘을 발휘하도록 허용하고 도와준다. 이는 인간을 비자연적 존재로 보는 관점에 근거하고 있지 않다. 오히려 자연의 일부로 보기에, 일부에서 너무 크게 벗어나 전체를 압박하는 수준으로 비대해진 존재를 다시 일부의 위치로 재차 자리매김하는 것이다.

인간의 과도한 영향력을 과학적으로 반성한 결과 오늘날의 자연이 생태학적으로 무엇을 크게 결여하고 있는지 우리는 여실히 깨달았다. 훼손된 생태계가 다시 온전해지는 것이 왜 그토록 중요한지도 알게 되었다. 이를 바로잡기 위해 필연적으로 우선은 과거를 바라볼 수밖에 없다. 지구가 작금의 상황이 되기 전의 자연을 보며, 어떤 다양한 생명이 어떤 다양한 관계를 맺으며 지구의 생태계를 작동시켜 왔는지 배울 수 있기 때문이다. 그러나 앞에서도 언급했듯이 그 과거는 절대적 기준이 아니라 중요한 참고 사항일 뿐이다. 어차피 과거를 성실히 참고해도 미래는 다를 것이기 때문이다. 그것이 생명계의 본질이다. 리와일딩이 과거라는 벤치마크에 지나치게 충실할 경우, 특히 인류사의 특정 지점을 기준선으로 삼을 때 인간과 자연을 뚜렷이 구분하는 이분법의 오류를 범하게 된다. 가령 신석기 시대를 기점으로 인간의 존재론적 차이가 발생했다고 보고 그 이전의 인간에게만 '자연스러운' 위치를 부여하는 철학은 철저하게 이분법적이라는 비판을 받는다.[7] 같은 관점에서 자연에 '지구의 절반'을 할애해야 한다는 에드워드 윌슨(Edward O. Wilson)의 주장[8]도 한쪽의 보호를 명목으로 다른 쪽의 파괴를 정당화하는 측면에서 마찬가지의 이분법에 갇혀 있다고 볼 수 있다.[9] 현재 대부분의 리와일딩은 이런 특정 시점 중심주의를 추구하지 않으며 과거의 한 시대를 천명한 홍적세 리와일딩도 점점 소수의 입장으로 인식되고 있다.

그러나 이분법을 벗어나는 데 치중한 나머지 인간이 지금도 자연에 행사하고 있는 엄청난 억제력과 파괴력, 그리고 이로 인한 생태계의 심각한 여파를 평가절하하는 일은 없어야 한다. 왜냐하면 이분법에 대한 반론은 흔히 인간의 활동 역시 '자연의 일부'로 포섭함으로써 문제의 심각성을 낮추는 경향이 다분하기 때문이다. 인간은 여전히 자연적인 존재인지 모르나 오늘날 인간이 자연에 끼친 영향력은 반자연적이다. 그 문제적 영향력의 핵심을 리와일딩은 자연적 과정(natural process)의 쇠퇴나 상실로 본다. 인간의 영향으로 인해 현재의 모습이 단지 과거의 모습과 달라서 문제라는 것이 아니다. 지구 생명계가 정상적으로 작동하기 위해 필수적인 생태적 과정들이 작동하지 않는 것이 가장 핵심적인 문제라는 것이다. 존재보다 과정에 초점을 맞춤으로써 리와일딩은 기존의 이분법과 차별화를 시도한다.[10] 과거의 자연 보전을 상징하는 것은 보호 지역이나 국립 공원과 같은 이름으로 묶어 놓는 마지막 '야생의 땅'이었다. 그곳에 살던 사람은 내보내고 외부의 사람은 못 들어오게 유지해서 지키려던 세계였다. 그러나 리와일딩은 공간의 배타적 구획으로 불충분하다고 선언한다. 아니 필요에 따라선 열어젖힐 줄도 알아야 한다고 말한다. 그래야 동식물도 드나들고, 생태적 기전의 힘이 미치고, 사람도 제 역할을 할 수 있기 때문이다.

자연적 과정에는 온갖 생명과 무생명이 참여한다. 영양분의 순환에서 물의 정화까지, 모든 서식지의 모든 생물이 기여하는 수많은 자연적 과정이 생명 현상의 존속을 가능케 한다. 지금까지 생태계가 융성하게 돌아가기 위한 리와일딩의 필요성에 대해서 설명했다. 특히 생태계의 영양 단계에 중요성을 강조했다. 이를 포함하되 보다 포괄적인 관점에서 보았을 때, 리와일딩이 중요하게 다루어야 할 생태계의 자연적 과정이 크게 세 가지가 있다고 학자들은 말한다. 첫째는 복잡성이다. 서로 먹고 먹히는 관계는 물론, 분변과 사체, 분산과 매개, 감염과 전파, 물리적 영향력 등으로 얽히고설킨 정교한 관계망이 회복되어야 하고 이를 통해 생태계의 저항성이 키워진다.[11] 둘째는 분산이다. 생태계는 넓은 공간에 동식물이 퍼져 나갈 수 있다는 전제로 진화된 체계이다.[12] 유전자 교환과 개체군 역학의 발현 없이 생태계는 작동할 수 없으며 이 연결성의 핵심적 중요성이 반영되어야 한다. 셋째는 교란이다. 홍수, 화재, 산사태가 일어났을 때 우리는 원상

복구라는 대원칙에 의거해 대응한다. 그러나 교란도 자연적 과정의 일부이다. 모든 교란을 동일한 방식으로 균질하게 대함으로써 가장 중요한 기능인 '들쭉날쭉하게 흔들어 놓는' 자연적 교란 효과(stochastic disturbances)가 감소한다.[13] 교란이 인간에 의해 예측 가능하고 표준화되면 더는 진정한 교란이 아닌 것이다.

지구의 생명 시스템이 본 모습을 찾으려면 얼마나 많은 자연적 과정들이 회복되어야 하는지 점점 더 분명해지고 있다. 그냥 적당히 푸르기만 해서는 안 된다는 것이 명확해졌다. 왕성한 생명 활동이 다채롭고 복잡다단하게 펼쳐져야만 한다. 일부 학계나 환경 운동가들만이 하는 이야기가 아니다. UN도 2021~2030년을 생태계 복원의 10년으로 지정했다. 제15차 UN 생물 다양성 협약(Convention on Biological Diversity) 당사국 총회에서 2030년까지 육지 및 해양의 30퍼센트를 보호 구역으로 지정하자는 국제적 합의에 따라 천명한 목표다. 이제 최소 지구의 5분의 1은 보호해야 한다는 세계적 공감대가 생긴 셈이다. 그런데 그냥 보호가 아니다. 생태를 제대로 복원하면서 보호하자는 취지다. 리와일딩 붐이 얼마나 국제 사회에서 큰 영향을 일으키고 있는지 느낄 수 있는 대목이다. 훼손된 생태계의 회복은 생태적 작용들이 다시 건강하게 작동할 때 일어난다. 생태계와 생물 다양성을 만들어

내고 유지하는 장기적 기전들을 부활시키는 것이 증명된 현재 유일한 접근법이 바로 리와일딩이다.[14] 그래서 생태계 복원이라는 전 지구적 사명도 리와일딩을 그 중심에 두어야 한다.

야생의 귀환을 위한 앞으로의 노력은 마찬가지로 중대하고 시급한 기후 위기의 맥락 속에서 벌어질 수밖에 없다. 기후 위기는 리와일딩과 불가분한 관계에 있다. 기후의 변화로 인해 특정 종에 맞는 서식지가 변하고 있고, 그에 따라 리와일딩의 무대도 시시각각 변한다. 기후 변화로 인해 그 어느 때보다 생물들이 자신에 맞는 기후대와 서식지를 찾아 피신할 수 있는 여지가 열려 있는 것이 중요해졌고, 그래서 보호 지역 내에 상당한 범위의 기후 및 고도 경도(傾度, gradient)가 포함되는 것이 핵심 요소로 떠오르고 있다.[15] 지금까지는 같은 면적이더라도 여러 조각으로 쪼개진 것보다 하나의 큰 서식지가 생태적으로 훨씬 가치가 높은 것으로 인식되었다. 그런데 울버린처럼 적설량이 받쳐 줘야 보금자리를 틀 수 있는 생물이라면 작은 녹지 조각이라도 그런 기후대가 나타나는 곳이 있느냐가 더 중요한 사항이 되는 것이다.[16] 같은 이유로 인해 예전에 비해 남북으로 길게 뻗은 선형 서식지의 중요성이 기후 위기 시대에서 높아지고 있다고 하겠다. 이외에도 기후 변화가 생태계의 복원 작업에 미치는 영향은 너무나 다양하고 복잡할 것이며, 그래서 이런 체제에서 벌어지는 리와일딩은 종전의 3C에 기후(climate)를 추가한 4C가 되어야 한다는 목소리도 있다.[17]

그러나 리와일딩이 기후 변화로 인한 영향을 받기만 하는 것이 아니다. 리와일딩 자체가 기후 변화에 효과적인 대응책 중 하나다. 리와일딩을 통해 생태계가 회복되면 탄소 저장량이 늘어나는 효과가 발생한다. 가령 경작지에 비해 자연 생태계는 온대 지방에서는 헥타르당 63톤, 열대 지방에서는 헥타르당 120톤의 탄소가 추가로 저장된다.[18] 대형 유제류의 섭식 활동으로 토양의 질 향상은 물론 토양 내 탄소 저장량이 증가하는 현상이 나타난다.[19] 영양 단계 리와일딩을 통해 포식자가 돌아온 생태계는 생산성이 증가하면서 탄소 순환이 활성화되고 그로 인해 탄소 흡착 및 저장량도 상승한다.[20] 또한 리와일딩으로 높아진 생물 다양성은 갑작스러운 기후 변화에 대응할 수 있는 다양한 민감도의 생물군을 유지함으로써 기후 저항성을 높인다.[21] 자연적 기전들이 활발히 돌아가고 풍성해진 생태계는 그래서 기후 변화에 대한 자연적 해결책(Natural Climate Solutions)의 핵심 분야로 급부상하고 있다. 기후 위기에 대응하기 위해서도 리와일딩이 필요하다고 과학자들은 말한다.[22]

미래는 리와일딩을 필요로 한다. 그래서 리와일딩의 미래는 밝다. 우리가 마음만 먹는다면 말이다. 점점 더 많은 곳에서, 더 많은 사람이 리와일딩에 관심을 갖고, 참여하고 또 실천하고 있다. 그 많은 시도와 노력이 리와일딩의 외연을 넓히면서 동시에 리와일딩의 핵심 사상을 제대로 실현하도록 학자와 활동가들이 모여 리와일딩의 원칙 10가지를 정리했다.[23]

하나, 리와일딩은 영양 단계 상호 작용을 복원하기 위해 야생 생물을 활용한다.

둘, 리와일딩은 핵심 영역, 연결성, 공존에 천착한 경관 수준의 기획을 실행한다.

셋, 리와일딩은 참조 생태계를 바탕으로 생태적 복원에 초점을 맞춘다.

넷, 리와일딩은 생태계가 역동적이고 항상 변한다는 점을 인지한다.

다섯, 리와일딩은 기후 변화의 효과를 예측하고 완화하도록 수행한다.

여섯, 리와일딩은 지역적 참여와 지지를 필요로 한다.

일곱, 리와일딩은 과학, 전통적 생태 지혜, 그리고 기타 지식에 의거한다.

여덟, 리와일딩은 모니터링과 피드백에 의존하고 반응한다.

아홉, 리와일딩은 모든 종과 생태계의 본원적 가치를 인정한다.

열, 리와일딩은 인간과 자연의 공존에 관한 패러다임 전환을 요구한다.

야생의 귀환을 꿈꾸고 실천하는 사람이라면 머리와 가슴에 담아 둘 만한 야생의 십계명이라 하겠다. 하지만 일일이 다 기억하고 실행할 수 없다면 이것 한 가지만 새겨 두도록 하자. 야생의 본질, 그것은 자유다. 가장 깊숙한 곳에서부터 발원해 모든 개체의 모든 삶으로 용솟음치는 생명력의 가장 본질적 속성. 야생은 자유롭고 싶다. 그래서 어떤 이는 자연에 '자유 진화(free evolution)'를 허락하는 것이라고 표현한다.[24] 그렇다. 자유로운 진화의 장이자 힘. 그것이 야생이다. 야생을 향해 목청껏 외쳐 보자. 돌아오라고.

참고 문헌

1장 리와일딩 선언

1. Watson, J. E., Venter, O., Lee, J., Jones, K. R., Robinson, J. G., Possingham, H. P., & Allan, J. R., *Protect the last of the wild*, 2018.
2. Plumptre, A. J., Baisero, D., Belote, R. T., Vázquez-Domínguez, E., Faurby, S., Jędrzejewski, W., ... & Boyd, C., "Where might we find ecologically intact communities?," *Frontiers in Forests and Global Change*, 4, 26, 2021.
3. Bar-On, Y. M., Phillips, R., & Milo, R., The biomass distribution on Earth, "*Proceedings of the National Academy of Sciences*," 115(25), 2018. pp. 6506-6511.
4. WWF, *Living Planet Report 2022 – Building a nature-positive society* (eds. Almond REA, Grooten M., Juffe Bignoli D., Petersen T.), WWF, Gland, Switzerland, 2022.
5. https://www.korea.kr/briefing/pressReleaseView.do?newsId=156541526.
6. https://www.joongang.co.kr/article/25108829#home.
7. https://www.newstof.com/news/articleView.html?idxno=12905.
8. https://www.joongang.co.kr/article/25157927.
9. 조지 몽비어, 『활생』(김산하 옮김, 위고출판사, 2020년).

2장 야생에 관하여

1 Lorimer, J., Sandom, C., Jepson, P., Doughty, C., Barua, M., & Kirby, K. J., "Rewilding: science, practice, and politics," *Annual Review of Environment and Resources*, 40, 2015. pp. 39-62.

2 Cookson, L. J., "A definition for wildness," *Ecopsychology*, 3(3), 2011. pp. 187-193.

3 Vest, J. H. C., "Will-of-the-land: Wilderness among primal Indo-Europeans," *Environmental review*, 9(4), 1985. pp. 323-329.

4 이중기, 「자율주행자동차. 로봇으로서의 윤리와 법적 문제」, 《국토》, 416권, 6호, 2016년. 38-43쪽.

5 Farina, A., Brentari, C., Dow, K., Drenthen, M., Dufourcq, A., Gaitsch, P., Kaplan, G., Meijer, E., Rustick, S.M., Szerszynski, B. and Tokarski, M., *Thinking about Animals in the Age of the Anthropocene*, Rowman & Littlefield, 2016.

6 J. A. S. Kelso, Self-organizing Dynamical Systems, Editor(s): Neil J. Smelser, Paul B. Baltes, *International Encyclopedia of the Social & Behavioral Sciences*, Pergamon, 2001. pp. 13844-13850.

7 Gay, "H., Wilderness Philosophy," *Dialogue: Canadian Philosophical Review/Revue canadienne de philosophie*, 33(4), 1994. pp. 661-676.

8 *Ibid.*, pp. 661-676.

9 https://en.wikipedia.org/wiki/Wilderness_Act.

10 Cronon, W., "The trouble with wilderness: or, getting back to the wrong nature," *Environmental history*, 1(1), 1996. pp. 7-28.

11 Nelson, M. P., & Callicott, J. B.(Eds.), *The wilderness debate rages on: Continuing the great new wilderness debate*, University of Georgia Press, 2008.

12 Mittermeier, R. A., Mittermeier, C. G., Brooks, T. M., Pilgrim, J. D., Konstant, W. R., Da Fonseca, G. A., & Kormos, C., "Wilderness and biodiversity conservation," *Proceedings of the National Academy of Sciences*, 100(18), 2003. pp. 10309-10313.

13 Goodrich, J. M., Miquelle, D. G., Smirnov, E. N., Kerley, L. L., Quigley, H. B., & Hornocker, M. G., "Spatial structure of Amur (Siberian) tigers (*Panthera tigris altaica*) on Sikhote-Alin Biosphere Zapovednik, Russia," *Journal of Mammalogy*, 91(3), 2010. pp. 737-748.

14 *Ibid.*, pp. 737-748.

15 Cookson, L. J., *op. cit*, pp.187-193.

16 *Ibid.*, pp. 187-193.

17 Child, M. F., "Wildness, infinity and freedom," *Ecological Economics*, 186, 2021. p.107055.

18 Vannini, P. and Vannini, A., "Attuning to wild atmospheres: Reflections on wildness as feeling," *Emotion, Space and Society*, 36, 2020. p.100711.

19 Clingerman, F., "Wilderness as the place between philosophy and theology: Questioning Martin Drenthen on the otherness of nature," *Environmental Values*, 19(2), 2010. pp.211-232.

20 Berger, J., "Why look at animals?," *Literature & the Environment*, LeMenager, S., Shewry, T., Eds, 1980. pp.32-42.

21 Rolston III, H., "Beauty and the beast: aesthetic experience of wildlife," *The Trumpeter*, 3(3), 1986.

22 Cookson, L. J., "A definition for wildness," *Ecopsychology*, 3(3), 2011. pp. 187-193.

3장 인류가 다시 야생을 찾다

1   Johns, D., *History of rewilding: Ideas and practice*, 2019. pp.12-33, In: *Rewilding*, edited by Pettorelli, N., Durant, S. M. & du Toit, J. T., Cambridge University Press, Cambridge, UK, 2019.

2   https://en.wikipedia.org/wiki/Wildlands_Network.

3   https://rewilding.org/what-is-rewilding/.

4   Soulé, M. and Noss, R., "Rewilding and biodiversity: complementary goals for continental conservation," *Wild Earth*, 8, 1998. pp.18-28.

5   Blythe, C. and Jepson, P., *Rewilding: The radical new science of ecological recovery* (Vol. 14), Icon Books, 2020.

6   Lorimer, J., *Wildlife in the Anthropocene: conservation after nature*, U of Minnesota Press, 2015.

7   Van Maanen, E. and Convery, I., "Rewilding: The realisation and reality of a new challenge for nature in the twenty-first century," *Changing perceptions of nature*, 2016. pp.303-319.

8   Lorimer, J., *op. cit*.

9   Jørgensen, D., "Rethinking rewilding," *Geoforum*, 65, 2015. pp.482-488.

10 https://www.wildeurope.org/restoration-rewilding-europe-programme/.

11 https://rewildingeurope.com/our-story/.

12 https://www.wildeurope.org/restoration-rewilding-europe-programme/.

13 Jørgensen, D., *op. cit*, pp. 482-488.

14 Blythe, C. and Jepson, P., *op. cit*.

15 Zimov, S.A., "Pleistocene park: return of the mammoth's ecosystem," *Science*, 308(5723), 2005. pp.796-798.

16 Lorimer, J., Sandom, C., Jepson, P., Doughty, C., Barua, M., & Kirby, K. J., "Rewilding: science, practice, and politics," *Annual Review of Environment and Resources*, 40, 2015. pp. 39-62.

17 Donlan, J., "Re-wilding north America," *Nature*, 436(7053), 2005. pp.913-914.

18 Blythe, C. and Jepson, P., *op. cit.*

19 Josh Donlan, C., Berger, J., Bock, C. E., Bock, J.H., Burney, D. A., Estes, J. A., Foreman, D., Martin, P. S., Roemer, G. W., Smith, F. A. and Soulé, M. E., "Pleistocene rewilding: an optimistic agenda for twenty-first century conservation," *The American Naturalist*, 168(5), 2006. pp.660-681.

20 Van Maanen, E. and Convery, I., "Rewilding: The realisation and reality of a new challenge for nature in the twenty-first century," *Changing perceptions of nature*, 2016. pp.303-319.

21 Blythe, C. and Jepson, P., *op. cit.*

22 du Toit, J. T., "Pleistocene rewilding: an enlightening thought experiment," 2019. pp.55-72. In: *Rewilding*, edited by Pettorelli, N., Durant, S. M. & du Toit, J. T.,, Cambridge University Press, Cambridge, UK, 2019.

23 *Ibid*. pp.55-72.

24 이저벨라 트리, 『야생 쪽으로』(박우정 옮김, 글항아리, 2022년).

25 Monbiot, G., *Feral: Rewilding the land, the sea, and human life*, Penguin Books, 2013.

26 조지 몽비어, 『활생』(김산하 옮김, 위고출판사, 2020년).

27 Lorimer, J., Sandom, C., Jepson, P., Doughty, C., Barua, M., & Kirby, K. J., *op. cit*, pp. 39-62.

28 Miller, J. R. and Hobbs, R.J., "Rewilding and restoration.," 2019. p.123-

141. In: *Rewilding*, edited by Pettorelli, N., Durant, S. M. & du Toit, J. T., Cambridge University Press, Cambridge, UK, 2019.
29 Rewilding Charter Working Group, "Global charter for rewilding the Earth," *The Ecological Citizen*, 4, 2020. pp.6-21.
30 https://globalrewilding.earth/about-our-alliance/.

4장 리와일딩이란 무엇인가

1 Pettorelli, N., Durant, S. M. and du Toit, J. T. eds., *Rewilding*, Cambridge University Press. 2019.
2 Pettorelli, N., Durant, S. M. and du Toit, J. T., "Rewilding: a captivating, controversial, twenty-first-century concept to address ecological degradation in a changing world," 2019. pp.1-11. In: *Rewilding*, Pettorelli, N., Durant, S. M. and du Toit, J. T. eds., Cambridge University Press, 2019.
3 Ceballos, G., Ehrlich, P. R., Barnosky, A. D., García, A., Pringle, R. M. and Palmer, T. M., "Accelerated modern human-induced species losses: Entering the sixth mass extinction," *Science advances*, 1(5), 2015. p.e1400253.
4 https://www.sciencedirect.com/science/article/abs/pii/B9780124076860000038.
5 https://dic.daum.net/search.do?q=%ED%94%BC%EB%8F%84.
6 Corlett, R. T., "Restoration, reintroduction, and rewilding in a changing world," *Trends in ecology & evolution*, 31(6), 2016. pp.453-462.
7 du Toit, J. T. and Pettorelli, N., "The differences between rewilding and restoring an ecologically degraded landscape," *Journal of Applied Ecology*, 56(11), 2019. pp.2467-2471.
8 김규칠, 『활생문명으로 가는 길』(운주사, 2023년).

9   https://v.daum.net/v/20241108203718603.

10 Jo, Y. S., Baccus, J. T. and Koprowski, J. L., "Mammals of Korea," *National Institute of Biological Resources*, 2018.

11 Pettorelli, N., Durant, S. M. and du Toit, J. T., *op. cit*, pp. 1-11.

12 *Ibid*. pp. 1-11.

13 Corlett, R. T., *op. cit*, 453-462.

14 Svenning, J. C., Pedersen, P. B., Donlan, C. J., Ejrnæs, R., Faurby, S., Galetti, M., Hansen, D. M., Sandel, B., Sandom, C. J., Terborgh, J. W. and Vera, F. W., Science for a wilder Anthropocene: Synthesis and future directions for trophic rewilding research, *Proceedings of the National Academy of Sciences*, 113(4), 2016. pp.898-906.

15 Pettorelli, N., Durant, S. M. and du Toit, J. T., *op. cit*, pp. 1-11.

16 Jørgensen, D., "Rethinking rewilding," *Geoforum*, 65, 2015. pp.482-488.

17 Nogués-Bravo, D., Simberloff, D., Rahbek, C. and Sanders, N. J., "Rewilding is the new Pandora's box in conservation," *Current Biology*, 26(3), 2016. pp.R87-R91.

18 Prior, J. and Ward, K. J., "Rethinking rewilding: A response to Jørgensen," *Geoforum*, 69, 2016. pp.132-135.

19 https://wwf.panda.org/wwf_news/?11125441/Record-year-for-dam-removals-in-Europe-as-report-warns-of-safety-risks-of-ageing-barriers.

20 Gammon, A. R., "The many meanings of rewilding: An introduction and the case for a broad conceptualisation," *Environmental Values*, 27(4), 2018. pp.331-350.

21 Cloyd, A. A., "Reimagining rewilding: A response to Jørgensen, Prior, and Ward," *Geoforum*, 76, 2016. pp.59-62.

22 https://www.theguardian.com/environment/2022/dec/26/2022-the-year-rewilding-went-mainstream-and-a-biodiversity-deal-gave-the-world-hope.

23 https://www.theguardian.com/environment/2022/oct/19/rewilding-europe-project-spain-lynx-wild-horses-black-vultures-in-eastern-spain-aoe.

5장 궁극의 야생 동물 늑대

1 Blythe, C. and Jepson, P., *Rewilding: The radical new science of ecological recovery* (Vol. 14). Icon Books, 2020.

2 Jørgensen, D., "Rethinking rewilding," *Geoforum*, 65, 2015. pp.482-488.

3 Ripple, W. J., Larsen, E. J., Renkin, R. A. and Smith, D. W., "Trophic cascades among wolves, elk and aspen on Yellowstone National Park's northern range," *Biological conservation*, 102(3), 2001. pp.227-234.

4 Blythe, C. and Jepson, P., *op. cit.*

5 Lorimer, J., Sandom, C., Jepson, P., Doughty, C., Barua, M. and Kirby, K. J., "Rewilding: science, practice, and politics," *Annual Review of Environment and Resources*, 40(1), 2015. pp.39-62.

6 https://www.yellowstonepark.com/park/conservation/yellowstone-wolves-reintroduction.

7 https://www.nps.gov/yell/learn/nature/wolves.htm.

8 Ripple, W. J., Larsen, E .J., Renkin, R. A. and Smith, D. W., *op. cit*, pp.227-234.

9 Blythe, C. and Jepson, P., *op. cit.*

10 https://www.nps.gov/yell/learn/nature/wolves.htm.

11 Weathers, K. C., Ewing, H. A., Jones, C. G. and Strayer, D. L., "Controls on Ecosystem Structure and Function," In: *Fundamentals of Ecosystem*

Science, Academic Press, 2021. pp. 249-264.

12 Boyce, M. S., "Wolves for Yellowstone: dynamics in time and space," *Journal of Mammalogy*, 99(5), 2018. pp.1021-1031.

13 Van Maanen, E. and Convery, I., "Rewilding: The realisation and reality of a new challenge for nature in the twenty-first century," *Changing perceptions of nature*, 2016. pp.303-319.

14 Ripple, W. J. and Beschta, R. L., "Trophic cascades in Yellowstone: the first 15 years after wolf reintroduction," *Biological Conservation*, 145(1), 2012. pp.205-213.

15 Hayward, M. W., Edwards, S., Fancourt, B. A., Linnell, J. D. and Nilsen, E. B., "Top-down control of ecosystems and the case for rewilding: does it all add up," *Rewilding*, 2019. pp.325-354.

16 Wright, G. J., Peterson, R.O., Smith, D. W. and Lemke, T. O., "Selection of northern Yellowstone elk by gray wolves and hunters," *The Journal of Wildlife Management*, 70(4), 2006. pp.1070-1078.

17 Boyce, M. S., *op. cit*, pp. 1021-1031.

18 Monbiot, G., *Feral: Rewilding the land, the sea, and human life*, University of Chicago Press. 2014.

19 Boyce, M. S., *op. cit*, pp.1021-1031.

20 Laundré, J. W., Hernández, L. and Altendorf, K. B., "Wolves, elk, and bison: reestablishing the" landscape of fear" in Yellowstone National Park, USA," *Canadian Journal of Zoology*, 79(8), 2001. pp.1401-1409.

21 *Ibid*., pp. 1401-1409.

22 Blythe, C. and Jepson, P., *op. cit*.

23 Svenning, J. C., Pedersen, P.B., Donlan, C. J., Ejrnæs, R., Faurby, S., Galetti, M., Hansen, D. M., Sandel, B., Sandom, C. J., Terborgh, J. W. and Vera, F.

W., "Science for a wilder Anthropocene: Synthesis and future directions for trophic rewilding research," *Proceedings of the National Academy of Sciences*, 113(4), 2016. pp.898-906.

24 Carroll, Sean B, *The Serengeti rules: the quest to discover how life works and why it matters*. Princeton University Press, 2024.

25 Hayward, M. W., Edwards, S., Fancourt, B. A., Linnell, J. D. and Nilsen, E. B., *op. cit*, pp.325-354.

26 Romme, W. H., Turner, M.G., Wallace, L.L. and Walker, J. S., "Aspen, elk, and fire in northern Yellowstone Park," *Ecology*, 76(7), 1995. pp.2097-2106.

27 *Ibid*., pp. 2097-2106.

28 Ripple, W. J., Larsen, E. J., Renkin, R. A. and Smith, D. W., *op. cit*, pp.227-234.

29 *Ibid*., pp. 227-234.

30 Painter, L. E., Beschta, R. L., Larsen, E. J. and Ripple, W. J., "After long-term decline, are aspen recovering in northern Yellowstone?," *Forest Ecology and Management*, 329, 2014. pp.108-117.

31 Ripple, W. J. and Beschta, R. L.,. *op. cit*, pp.205-213.

32 Beyer, H. L., Merrill, E. H., Varley, N. and Boyce, M. S., "Willow on Yellowstone's northern range: evidence for a trophic cascade?," *Ecological Applications*, 17(6), 2007. pp.1563-1571.

33 Baril, L. M., Hansen, A. J., Renkin, R. and Lawrence, R., "Songbird response to increased willow (*Salix spp.*) growth in Yellowstone's northern range," *Ecological Applications*, 21(6), 2011. pp.2283-2296.

34 Beschta, R. L. and Ripple, W. J., "Increased willow heights along northern Yellowstone's Blacktail Deer Creek following wolf reintroduction," *Western North American Naturalist*, 67(4), 2007. pp.613-617.

35 Ripple, W. J. and Beschta, R.L., "Linking wolves to willows via risk-sensitive foraging by ungulates in the northern Yellowstone ecosystem," *Forest Ecology and Management*, 230(1-3), 2006. pp.96-106.

36 Beschta, R. L. and Ripple, W. J., "Riparian vegetation recovery in Yellowstone: the first two decades after wolf reintroduction," *Biological Conservation*, 198, 2016. pp.93-103.

37 Ripple, W. J. and Beschta, R. L., "Wolf reintroduction, predation risk, and cottonwood recovery in Yellowstone National Park," *Forest Ecology and Management*, 184(1-3), 2003. pp.299-313.

38 Boyce, M. S., *op. cit*, pp.1021-1031.

39 Smith, D. W., Mech, L. D., Meagher, M., Clark, W. E., Jaffe, R., Phillips, M. K. and Mack, J. A., Wolf-bison interactions in Yellowstone National Park, *Journal of Mammalogy*, 81(4), 2000. pp.1128-1135.

40 Baril, L. M., Hansen, A.J., Renkin, R. and Lawrence, R., *op. cit*, pp.2283-2296.

41 Monbiot, G., *op. cit*.

42 Beschta, R. L. and Ripple, W. J., *op. cit*, pp. 93-103.

43 Wright, J. P., Jones, C. G. and Flecker, A. S., "An ecosystem engineer, the beaver, increases species richness at the landscape scale," *Oecologia*, 132, 2002. pp.96-101.

44 Beschta, R. L. and Ripple, W. J., River channel dynamics following extirpation of wolves in northwestern Yellowstone National Park, USA, *Earth Surface Processes and Landforms: The Journal of the British Geomorphological Research Group*, 31(12), 2006. pp.1525-1539.

45 Macdonald, B., *Cornerstones: Wild Forces that Can Change Our World*, Bloomsbury Publishing, 2022.

46 Marshall, K. N., Hobbs, N. T. and Cooper, D. J., "Stream hydrology limits recovery of riparian ecosystems after wolf reintroduction," *Proceedings of the Royal Society B: Biological Sciences*, 280(1756), 2013. p.20122977.

47 Ripple, W. J., Wirsing, A. J., Wilmers, C. C. and Letnic, M., "Widespread mesopredator effects after wolf extirpation," *Biological Conservation*, 160, 2013. pp.70-79.

48 Merkle, J. A., Stahler, D. R. and Smith, D. W., "Interference competition between gray wolves and coyotes in Yellowstone National Park," *Canadian Journal of Zoology*, 87(1), 2009. pp.56-63.

49 Van Maanen, E. and Convery, I., *op. cit*, pp.303-319.

50 Monbiot, G., *op. cit*.

51 Blythe, C. and Jepson, P., *op. cit*.

52 Ripple, W. J. and Beschta, R. L., *op. cit*, pp.205-213.

53 Wilmers, C. C., Crabtree, R. L., Smith, D. W., Murphy, K. M. and Getz, W. M., "Trophic facilitation by introduced top predators: grey wolf subsidies to scavengers in Yellowstone National Park," *Journal of Animal Ecology*, 72(6), 2003. pp.909-916.

54 Mech, L. D., "Is science in danger of sanctifying the wolf?," *Biological Conservation*, 150(1), 2012. pp.143-149.

55 Hayward, M. W., Edwards, S., Fancourt, B. A., Linnell, J. D. and Nilsen, E. B., *op. cit*, pp.325-354.

56 Kauffman, M. J., Brodie, J. F. and Jules, E.S., "Are wolves saving Yellowstone's aspen? A landscape-level test of a behaviorally mediated trophic cascade," *Ecology*, 91(9), 2010. pp.2742-2755.

57 Clark-Wolf, T. J. and Hebblewhite, M., "Trophic cascades as a basis for rewilding," In: *Routledge Handbook of Rewilding*, Routledge, 2022. pp. 57-

67.

58 Middleton, A. D., Morrison, T. A., Fortin, J. K., Robbins, C. T., Proffitt, K. M., White, P. J., McWhirter, D. E., Koel, T. M., Brimeyer, D. G., Fairbanks, W. S. and Kauffman, M. J., "Grizzly bear predation links the loss of native trout to the demography of migratory elk in Yellowstone," *Proceedings of the Royal Society B: Biological Sciences*, 280(1762), 2013. p.20130870.

59 Clark-Wolf, T. J. and Hebblewhite, M., *op. cit*, pp. 57-67.

60 Hayward, M. W., Edwards, S., Fancourt, B. A., Linnell, J. D. and Nilsen, E. B., *op. cit*, pp.325-354.

61 Fortin, D., Beyer, H. L., Boyce, M. S., Smith, D. W., Duchesne, T. and Mao, J. S., "Wolves influence elk movements: behavior shapes a trophic cascade in Yellowstone National Park," *Ecology*, 86(5), 2005. pp.1320-1330.

62 Hayward, M. W., Edwards, S., Fancourt, B. A., Linnell, J. D. and Nilsen, E. B., *op. cit*, pp. 325-354.

63 Mech, L. D., *op. cit*, pp.143-149.

64 Svenning, J. C., Pedersen, P. B., Donlan, C. J., Ejrnæs, R., Faurby, S., Galetti, M., Hansen, D. M., Sandel, B., Sandom, C. J., Terborgh, J. W. and Vera, F. W., *op. cit*, pp.898-906.

6장 제방 뒤의 세렝게티

1 Lorimer, J., Sandom, C., Jepson, P., Doughty, C., Barua, M. and Kirby, K. J., "Rewilding: science, practice, and politics," *Annual Review of Environment and Resources*, 40(1), 2015. pp.39-62.

2 Blythe, C. and Jepson, P., *Rewilding: The radical new science of ecological recovery* (Vol. 14), Icon Books, 2020.

3 Clements, F. E., "Nature and structure of the climax," *Journal of ecology*,

24(1), 1936. pp.252-284.

4 Vera, F. W., "Large-scale nature development—The Oostvaardersplassen," *British wildlife*, 20(5), 2009. p.28.

5 *Ibid.*, p.28.

6 Lorimer, J., *Wildlife in the Anthropocene: conservation after nature*, U of Minnesota Press, 2015.

7 Zijlstra, M., Loonen, M. J., van Eerden, M. R. and Dubbeldam, W., "The Oostvaardersplassen as a key moulting site for Greylag Geese Anser anser in western Europe," *Wildfowl*, 42(42), 1991. pp.45-52.

8 Vera, F. W., *op. cit*, p.28.

9 *Ibid.* p.28.

10 Ward, K., "For wilderness or wildness? Decolonising rewilding," *Rewilding*, 1, 2019. pp.34-54.

11 Monbiot, G., *Feral: Rewilding the land, the sea, and human life*, University of Chicago Press, 2014.

12 https://breedingback.blogspot.com/2021/10/is-oostvaardersplassen-new-wilderness.html.

13 Vera, F.W., *op. cit*, p.28.

14 Blythe, C. and Jepson, P., *op. cit*.

15 *Ibid*.

16 https://breedingback.blogspot.com/2021/10/is-oostvaardersplassen-new-wilderness.html.

17 Kopnina, H., Leadbeater, S. and Heister, A., Wild democracy: Ecodemocracy in rewilding, 2022. In: *Routledge Handbook of rewilding*, Routledge, 2022. pp. 339-350.

18 Vera, F. W., *op. cit*, p.28.

19 Lorimer, J., Sandom, C., Jepson, P., Doughty, C., Barua, M. and Kirby, K. J., *op. cit*, pp.39-62.

20 Lorimer, J., *op. cit*.

21 *Ibid*.

22 https://www.theguardian.com/environment/2018/apr/27/dutch-rewilding-experiment-backfires-as-thousands-of-animals-starve.

23 Eagle, A., Cooper, A., Espin, R., Gould, J. and Blackshaw-Crosby, E., "Rewilding: A legal perspective," In: *Routledge Handbook of rewilding*, Routledge, 2022. pp. 134-144.

24 Kopnina, H., Leadbeater, S. and Heister, A., "Wild democracy: Ecodemocracy in rewilding," In: *Routledge Handbook of rewilding*, Routledge, 2022. pp. 339-350.

25 Blythe, C. and Jepson, P., *op. cit*.

26 Root-Bernstein, M., Gooden, J. and Boyes, A., "Rewilding in practice: Projects and policy," *Geoforum*, 97, 2018 pp.292-304.

27 Lorimer, J., *op. cit*.

28 Van Maanen, E. and Convery, I., "Rewilding: The realisation and reality of a new challenge for nature in the twenty-first century," *Changing perceptions of nature*, 2016. pp.303-319.

29 https://sites.google.com/citizenzoo.org/2025rewildingconference.

30 https://knepp.co.uk/rewilding.

31 Tree, I., "Creating a mess - the Knepp rewilding project," *Bulletin of the Chartered Institute of Ecology and Environmental Management*, 100, 2018. pp. 29-34.

32 Tree, I., *Wilding: The return of nature to a British farm*, Pan Macmillan, 2018.

33 *Ibid*.
34 Tree, I., *op. cit*, pp.29-34.
35 Vera, F. W. M. ed., *Grazing ecology and forest history*, CABI publishing, 2000.
36 Tree, I., *op. cit*.
37 Root-Bernstein, M., Gooden, J. and Boyes, "A., Rewilding in practice: Projects and policy, *Geoforum*," 97, 2018. pp.292-304.
38 Overend, D. and Lorimer, J., "Wild performatives: Experiments in rewilding at the Knepp Wildland Project," *GeoHumanities*, 4(2), 2018. pp.527-542.
39 https://knepp.co.uk/rewilding.
40 Tree, I., *op. cit*, pp.29-34.
41 Stanley-Price, M., "Species translocations, taxon replacements, and rewilding," In: *Routledge Handbook of rewilding*, Routledge, 2022. pp. 68-80.
42 Taylor, P., Featherstone, A.W., Ayres, S., Griffin, A. and Maddern, E., "Rewilding and cultural transformation: Healing nature and reweaving humans back into the web of life," In: *Routledge Handbook of rewilding*, Routledge, 2022. pp. 327-338.
43 https://knepp.co.uk/rewilding.
44 https://sussexbylines.co.uk/news/environment/knepp-estate-the-low-weald-wilderness-that-inspired-the-uks-rewilding-movement/.
45 to Bühne, H. S., Ross, B., Sandom, C. J. and Pettorelli, N., "Monitoring rewilding from space: The Knepp estate as a case study," *Journal of Environmental Management*, 312, 2022. p.114867.
46 Ibid., p. 114867.

47 Leadbeater, S., Kopnina, H. and Cryer, P., "Knepp Wildland: The ethos and efficacy of Britain's first private rewilding project," In: *Routledge Handbook of rewilding*, Routledge, 2022. pp. 362-373

7장 핵심종의 귀환

1 Blythe, C. and Jepson, P., *Rewilding—The Illustrated Edition: The Radical New Science of Ecological Recovery*, Icon Books, 2021.

2 Kehlmaier, C., Graciá, E., Campbell, P.D., Hofmeyr, M.D., Schweiger, S., Martínez-Silvestre, A., Joyce, W. and Fritz, U., "Ancient mitogenomics clarifies radiation of extinct Mascarene giant tortoises (*Cylindraspis spp.*)," *Scientific Reports*, 9(1), 2019. p.17487.

3 Griffiths, C. J., Jones, C.G., Hansen, D. M., Puttoo, M., Tatayah, R. V., Müller, C. B. and Harris, S., "The use of extant non-indigenous tortoises as a restoration tool to replace extinct ecosystem engineers," *Restoration Ecology*, 18(1), 2010. pp.1-7.

4 *Ibid.*, pp. 1-7.

5 Griffiths, C. J., Hansen, D. M., Jones, C. G., Zuël, N. and Harris, S., Resurrecting extinct interactions with extant substitutes, *Current Biology*, 21(9), 2011. pp.762-765.

6 *Ibid.*, pp. 762-765.

7 Griffiths, C. J., Jones, C. G., Hansen, D. M., Puttoo, M., Tatayah, R. V., Müller, C. B. and Harris, S., *op. cit*, pp. 1-7.

8 Griffiths, C. J., Hansen, D. M., Jones, C. G., Zuël, N. and Harris, S., *op. cit*, pp. 762-765.

9 Griffiths, C. J., Jones, C. G., Hansen, D. M., Puttoo, M., Tatayah, R. V., Müller, C. B. and Harris, S., *op. cit*, pp. 1-7.

10 Hunter, E. A., Gibbs, J. P., Cayot, L. J. and Tapia, W., "Equivalency of Galápagos giant tortoises used as ecological replacement species to restore ecosystem functions," *Conservation Biology*, 27(4), 2013. pp.701-709.

11 Lorimer, J., Sandom, C., Jepson, P., Doughty, C., Barua, M. and Kirby, K.J., "Rewilding: science, practice, and politics," *Annual Review of Environment and Resources*, 40(1), 2015. pp.39-62.

12 Gibbs, J. P., Hunter, E. A., Shoemaker, K. T., Tapia, W. H. and Cayot, L. J., "Demographic outcomes and ecosystem implications of giant tortoise reintroduction to Española Island, Galapagos," *PLoS One*, 9(10), 2014. p.e110742.

13 https://wilderness-society.org/importance-of-beavers-in-wetland-restoration-the-uk-example/.

14 Oliveira, S., Buckley, P. and Consorte-McCrea, A., "A glimpse of the long view: Human attitudes to an established population of Eurasian beaver *(Castor fiber)* in the lowlands of south-east England," *Frontiers in Conservation Science*, 3, 2023. p.925594.

15 Ibid., p. 925594.

16 https://wilderness-society.org/importance-of-beavers-in-wetland-restoration-the-uk-example/.

17 Jones, S. and Campbell-Palmer, R., "The Scottish Beaver Trial: The story of Britain's first licensed release into the wild," *Royal Zoological Society of Scotland*, 2014.

18 https://www.environmentandsociety.org/arcadia/resistance-and-rewilding-return-beavers-knapdale-forest.

19 Jones, S. and Campbell-Palmer, R., *op. cit.*

20 Prior, J. and Ward, K. J., "Rethinking rewilding: A response to Jørgensen," *Geoforum*, 69, 2016. pp.132-135.

21 Heritage, S. N., "The Scottish Beaver Trial: Socio-economic monitoring," final report, 2014.

22 Jones, S. and Campbell-Palmer, R., *op. cit.*

23 https://www.wildlifetrusts.org/saving-species/beavers.

24 https://www.devonwildlifetrust.org/what-we-do/our-projects/river-otter-beaver-trial.

25 Sandom, C. J., Wynne-Jones, S., Pettorelli, N., Durant, S. and du Toit, J., "Rewilding a country: Britain as a study case," *Rewilding*, 2019. pp.222-247.

26 https://www.wildlifetrusts.org/saving-species/beavers.

27 https://www.gov.wales/written-statement-welsh-government-supports-managed-re-introduction-european-beaver-wales.

28 https://www.london.gov.uk/mayor-returns-beavers-west-london-first-time-400-years.

29 Donadio, E., Di Martino, S. and Heinonen, S., "Rewilding Argentina: lessons for the 2030 biodiversity targets," *Nature*, 603(7900), 2022. pp.225-227.

30 Donadio, E., Zamboni, T. and Di Martino, S., "Rewilding case study: Going wild in Argentina, a multidisciplinary and multispecies reintroduction programme to restore ecological functionality," In: *Routledge Handbook of Rewilding*, Routledge, 2022. pp. 170-179.

31 https://en.wikipedia.org/wiki/Kris_Tompkins.

32 https://theluxurychannel.com/impact/kris-tompkins-largest-land-donation.

33 Zamboni, T., Di Martino, S. and Jiménez-Pérez, I., "A review of a multispecies reintroduction to restore a large ecosystem: The Iberá Rewilding Program (Argentina)," *Perspectives in ecology and conservation*, 15(4), 2017. pp.248-256.

34 Blythe, C. and Jepson, P., *op. cit.*

35 Zamboni, T., Di Martino, S. and Jiménez-Pérez, I., *op. cit.* pp. 248-256.

36 *Ibid.*, pp. 248-256.

37 *Ibid.*, pp. 248-256.

38 https://www.andbeyond.com/impact/coalitions/jaguar-reintroduction-project

39 Donadio, E., Di Martino, S. and Heinonen, S., *op. cit*, pp. 170-179.

40 https://www.andbeyond.com/impact/coalitions/jaguar-reintroduction-project.

41 https://www.aa.com.tr/en/americas/1st-jaguars-born-in-the-wild-in-argentine-province-after-70-years/2642945.

42 https://globalrewilding.earth/rewilding-jaguars-in-argentina-from-individuals-to-ecosystems.

43 Donadio, E., Di Martino, S. and Heinonen, S., *op. cit*, pp. 170-179.

44 https://www.rewild.org/news/rewilding-awakens-local-businesses-as-wildlife-tourism-booms.

45 Donadio, E., Di Martino, S. and Heinonen, S., *op. cit*, pp. 170-179.

46 Zamboni, T., Di Martino, S. and Jiménez-Pérez, I., *op. cit*, pp. 248-256.

47 https://www.nytimes.com/2023/04/14/style/wild-life-movie-kris-tompkins.html.

48 Sivasothi, N., "The smooth-coated otters of Singapore," In: *Peace with Nature: 50 Inspiring Essays on Nature and the Environment*, World

Scientific, 2024. pp.299-305.

49 *Ibid.*, pp. 299-305.

50 https://panworks.medium.com/singapore-the-city-that-learned-how-to-blend-nature-with-urban-living-98980e93dd5f.

51 Er, K. and Leong, C.C., "Greening Singapore: From Garden City to City in Nature," In: *Peace with Nature: 50 Inspiring Essays on Nature and the Environment*, World Scientific, 2024. pp. 79-86

52 Sivasothi, *op. cit*, pp. 299-305.

53 https://otter.nus.edu.sg/.

54 Sivasothi, *op. cit*, pp. 299-305.

55 https://www.nationalgeographic.com/animals/article/urban-otters-singapore-wildlife.

56 https://mothership.sg/2022/10/bukit-timah-otter-eat-40-koi-fish/.

57 https://www.nationalgeographic.com/animals/article/urban-otters-singapore-wildlife.

58 https://www.straitstimes.com/singapore/man-bitten-by-otter-after-trailing-pack-of-30-during-morning-run.

59 https://www.theguardian.com/world/2021/dec/10/i-thought-i-was-going-to-die-otters-attack-british-man-in-singapore-park.

60 https://timesofmalta.com/article/singapore-otters-lockdown-antics-spark-backlash.795349.

61 Khoo, M. D. Y. and Lee, B. H., "The urban smooth-coated otters Lutrogale perspicillata of Singapore: A review of the reasons for success," *International Zoo Yearbook*, 54(1), 2020. pp.60-71.

62 https://www.straitstimes.com/singapore/environment/singapore-is-role-model-for-how-otters-and-people-can-co-exist-international.

8장 리와일딩의 현장 포르투갈 코아 계곡

1 Jepson, P., Schepers, F. and Helmer, W., "Governing with nature: a European perspective on putting rewilding principles into practice," *Philosophical Transactions of the Royal Society B: Biological Sciences*, 373(1761), 2018. p.20170434.

2 Elphick, A., Ockendon, N., Aliácar, S., Crowson, M. and Pettorelli, N., "Long-term vegetation trajectories to inform nature recovery strategies: The Greater Côa Valley as a case study," *Journal of Environmental Management*, 355, 2024. p.120413.

3 Navarro, L. M. and Pereira, H. M., "Rewilding abandoned landscapes in Europe," In: *Rewilding european landscapes*, Cham: Springer International Publishing, 2015. pp. 3-23.

4 Jepson, P., Schepers, F. and Helmer, W., *op. cit*, p.20170434.

5 Kirkland, M., Atkinson, P. W., Aliácar, S., Saavedra, D., De Jong, M.C., Dowling, T. P. and Ashton-Butt, A., "Protected areas, drought, and grazing regimes influence fire occurrence in a fire-prone Mediterranean region," *Fire Ecology*, 20(1), 2024. p.88.

6 Prata, P. personal communication.

7 https://rewilding-portugal.com/news/rewilding-efforts-support-roe-deer-comeback-in-the-greater-coa-valley/.

8 Prata, P. personal communication.

9 Macdonald, B., *Cornerstones: wild forces that can change our world*, Bloomsbury Publishing, 2022.

10 https://tomorrowalgarve.com/iberian-lynx-back-from-the-dead/.

11 Lopes-Fernandes, M., Espírito-Santo, C. and Frazão-Moreira, A., "The return of the Iberian lynx to Portugal: local voices," *Journal of*

ethnobiology and ethnomedicine, 14, 2018. pp.1-17.

12   https://rewildingeurope.com/news/new-release-of-horses-advances-rewilding-in-the-greater-coa-valley/.

13   https://rewildingeurope.com/news/first-tauros-release-in-the-greater-coa-valley-will-boost-natural-grazing.

14   https://rewilding-portugal.com/news/legalised-carcass-deposition-promises-brighter-future-for-greater-coa-valley-vultures/.

9장 DMZ와 한국의 야생

1   Clover, C., *Rewilding the sea: How to save our oceans*, Random House, 2022.

2   Block, S., Emerson, J. W., Esty, D. C., de Sherbinin, A., Wendling, Z. A., et al., *2024 Environmental Performance Index*, New Haven, CT: Yale Center for Environmental Law & Policy, epi.yale.edu.

3   https://ccpi.org/country/kor.

4   https://www.hani.co.kr/arti/society/environment/842946.html.

5   https://www.ohmynews.com/NWS_Web/View/at_pg.aspx?CNTN_CD=A0002543393.

6   https://www.hani.co.kr/arti/animalpeople/wild_animal/1045588.html.

7   https://www.hani.co.kr/arti/society/environment/842946.html.

8   https://www.korea.kr/briefing/policyBriefingView.do?newsId=156267593.

9   최명애, 「재야생화: 인류세의 자연보전을 위한 실험」, 《환경사회학연구 ECO》, 25권 1호, 2021년. 213-255쪽.

10   Brady, L. M., From war zone to biosphere reserve: the Korean DMZ as a Scientific Landscape, *Notes and Records*, 75(2), 2021. pp.189-205.

11   Kim, K. G. and Cho, D. G., Status and ecological resource value of the

    Republic of Korea's De-militarized Zone, *Landscape and Ecological Engineering*, 1, 2005. pp.3-15.
12 So, B., A Study of Establishing an International Ecological Peace Park in Korean DMZ, *International Area Review*, 8(1), 2005. pp.65-83.
13 최명애, 앞의 글, 213-255쪽.
14 Cho, D.S., The ecological values of the Korean demilitarized zone (DMZ) and international natural protected areas, *Korean Journal of Heritage: History & Science*, 52(1), 2019. pp.272-287.
15 Svenning, J. C., Munk, M. and Schweiger, A., Trophic rewilding: ecological restoration of top-down trophic interactions to promote self-regulating biodiverse ecosystems, *Rewilding*, 2019. 26, p.66.
16 Chen, Y. C. and Land, I., The penguins that wouldn't explode: Accidental rewilding, militarized landscapes, and post-conflict islands, *Coastal Studies & Society*, 2(2), 2023. pp.235-260.
17 최명애, 앞의 글, 213-255쪽.
18 최명애, 앞의 글, 213-255쪽.
19 Min, K. and Choi, M. A., Resource landscape, microbial activity, and community composition under wintering crane activities in the Demilitarized Zone, South Korea, *Plos one*, 17(5), 2022. p.e0268461.
20 최명애, 앞의 글, 213-255쪽.

10장 야생의 십계명

1 앨런 와이즈먼, 『인간 없는 세상』(이한중, 랜덤하우스코리아, 2007년).
2 Pereira, H. M. and Navarro, L. M., "Rewilding european landscapes," *Springer Nature*, 2015. p. 227.
3 Carver, S., "Rewilding through land abandonment," *Rewilding*, 1, 2019.

pp.99-122.

4 Dotson, T. and Pereira, H. M., "From antagonistic conservation to biodiversity democracy in rewilding," *One Earth*, 5(5), 2022. pp.466-469.

5 Holmes, G., Marriott, K., Briggs, C. and Wynne-Jones, S., "What is rewilding, how should it be done, and why? A Q-method study of the views held by European rewilding advocates," *Conservation and Society*, 18(2), 2020. pp.77-88.

6 조지 몽비어, 『활생』(김산하 옮김, 위고출판사, 2020년).

7 Morizot, B., *Rekindling Life: A Common Front*, John Wiley & Sons, 2022.

8 에드워드 윌슨, 『지구의 절반』(이한음 옮김, 사이언스북스, 2017년).

9 Morizot, B., *Rekindling Life: A Common Front*, John Wiley & Sons, 2022.

10 Durant, S. M., Pettorelli, N. and du Toit, J. T., "The future of rewilding: fostering nature and people in a changing world," *Rewilding*, 2019. pp.413-425.

11 Perino, A., Pereira, H. M., Navarro, L. M., Fernández, N., Bullock, J. M., Ceaușu, S., Cortés-Avizanda, A., van Klink, R., Kuemmerle, T., Lomba, A. and Pe'er, G., "Rewilding complex ecosystems," *Science*, 364(6438), 2019. p.eaav5570.

12 *Ibid.*, p.eaav5570.

13 *Ibid.*, p.eaav5570.

14 Svenning, J. C., "Rewilding should be central to global restoration efforts," *One Earth*, 3(6), 2020. pp.657-660.

15 Carroll, C. and Noss, R. F., "*Rewilding in the face of climate change*," *Conservation Biology*, 35(1), 2021. pp.155-167.

16 *Ibid.*, pp. 155-167.

17 *Ibid.*, pp. 155-167.

18 Svenning, J. C., *op. cit*, pp. 657-660.
19 Kaštovská, E., Mastný, J. and Konvička, M., "Rewilding by large ungulates contributes to organic carbon storage in soils," *Journal of Environmental Management*, 355, 2024. p.120430.
20 Schmitz, O. J., Sylvén, M., Atwood, T. B., Bakker, E. S., Berzaghi, F., Brodie, J. F., Cromsigt, J. P., Davies, A. B., Leroux, S. J., Schepers, F. J. and Smith, F. A., "Trophic rewilding can expand natural climate solutions," *Nature Climate Change*, 13(4), 2023. pp.324-333.
21 Svenning, J. C., *op. cit*, 657-660.
22 https://www.theguardian.com/environment/2020/oct/14/re-wild-to-mitigate-the-climate-crisis-urge-leading-scientists.
23 Carver, S., Convery, I., Hawkins, S., Beyers, R., Eagle, A., Kun, Z., Van Maanen, E., Cao, Y., Fisher, M., Edwards, S. R. and Nelson, C., "Guiding principles for rewilding," *Conservation Biology*, 35(6), 2021. pp.1882-1893.
24 Génot, J. C., *La nature malade de la gestion*, Lulu, 2008.

찾아보기

가
《가디언》 58, 81
가라노 말 165
가지뿔영양 100
가축화 26
갈까마귀 101
갈라파고스땅거북 133
개 26
개구리 99
개미 85
검독수리 81
검은가슴물떼새 117
계통 생물학 73
고생태학 49, 114
고양이 26, 60
골담초 163~164, 166
곰 101
과학살 이론 55
그레이터 코아 밸리(GCV) 156~158, 160~161, 167
그리폰독수리 167
극상 군집 113
글로벌 리와일딩 연맹 61

기능적 종 130
기러기 50, 112~114, 116~117
기후 변화 대응 지수 176
기후 변화에 대한 자연적 해결책 205
기후 저항성 205
까치 85, 101
꽃사슴 72

나
나이팅게일 57, 124
낙타 110
네덜란드 49, 51~52, 57, 111~112, 117, 119~120
《네이처》 54
넵 캐슬 56~58, 120~126
노루 122, 159
노스, 리드 46
노스페이스 139
농업 혁명 30
《뉴욕 타임스》 143
뉴트리아 138
늑대 17, 48~49, 76~77, 85~87, 89~105, 111, 120, 133, 166

다

다마사슴 121~122
대륙사슴 73, 76
대만 73
대머리독수리 101
대형 초식 동물 110
댕기물떼새 117
도도새 60, 131
도시 리와일딩 78
도시화 48
돈런, 조시 53
두려움의 경관 93~94, 102~103
두루미 183~184
드렌센, 마틴 39
DMZ 179~185
딸기나무 168
땅강아지 17

라

러시아 52~53
레오폴드, 알도 31, 87
렙톤 공원 121
롤스톤 3세, 홈스 40
루마니아 51
《리빙 플래닛 리포트》 17
리센룽 147
『리와일딩』 67
리와일딩 선언문 47
리와일딩 센터 161
「리와일딩 아시아」 186
리와일딩 유럽 51~52, 157
리와일딩의 대중화 59
리와일딩의 여러 정의 66
리와일딩의 역사 45
리와일딩의 원칙 61, 206
리와일딩의 의미 77
리와일딩의 정의 19, 43
리와일딩 주간 185
리와일딩 포르투갈 156, 162~168
리콴유 145

마

마다가스카르 61, 131
마다가스카르방사거북 60, 132
마르커르 호수 111
마스카렌 제도 130
마코 138
말 52, 110, 116, 118
말레이시아 144
말카타 자연 보전 지역 159
말코손바닥사슴 48
매 100, 123, 141
매머드 52~53
먹이 활동 50
멧돼지 13, 18, 159
멧비둘기 57, 124
멸종 15, 53~56, 60, 68~69, 73, 78, 114~115, 126, 130~134, 144, 158, 165, 169
멸종 위기 17, 31, 49, 57, 73, 118, 159, 168
모리셔스 60~61
몽골 186
몽골 사라나 자연 보전 재단 186
몽비오, 조지 58~59, 120, 185
무개입 75
물고기 99
물밭쥐 99
물총새 117, 137
뮤어, 존 31
미국 31, 46~49, 53, 59, 87, 113, 120, 133

미루나무 95, 98

바

『바다의 리와일딩』 176
바이슨 52, 93, 98
반달가슴곰 73, 177
백로 117
버거, 존 39
버드나무 95, 97, 100
버렐, 찰리 57, 120~122
베라, 프란스 49~51, 57, 112~114, 122
베르그송, 앙리 28
벨라루스 159
보라색황제나비 124
보전 생물학 49, 53, 69
복원 생태학 46, 69~71, 78
본체론적 존재론 72~73
북미사시나무 95
북아메리카 54
북한 65, 160
분류군 충성도 70
분류학 73
붉은사슴 115, 122
비단수달 144
비단잉어 146
비버 80, 90, 99~100, 133~138
비스카차 138
비인간 자율성 80

사

사슴 115, 159, 169
사시나무 95~97, 103~104
《사이언스》 53
사자 54
살팽이 159

상향 조절 89
상호 작용 36, 38
생명다양성재단 61, 185, 189
생물 다양성 17, 74, 79, 90
생태계 복원의 10년 203
생태적 리와일딩 78
생태적 복원 46, 93
서식지 28, 33~35, 38, 46~49, 51, 57, 67, 92, 94~92, 94~99, 112, 114, 116, 122~123, 135, 137, 141, 144, 155, 158~159, 165, 169~170, 178, 183~84, 202, 204~205
설악산 국립 공원 52
성곽 보전 194
3개의 C 47~48, 205
세계 리와일딩의 날 61
세계 자연 기금(WWF) 16
세이셸 61
소 110, 115~116
소똥구리 17
소라이아 말 165~166
소로, 헨리 데이비드 40
수관 닫힘 113
수달 99, 137, 144~148
수동적 리와일딩 78
술레, 마이클 46
숭에이 불로 습지 공원 144
스라소니 17, 81, 159~160, 168~169
스코틀랜드 134~137
스페인 81, 134, 156
슬로바키아 51
습지 동물 80
시에라 클럽 31
싱가포르 144~148, 186
싱가포르 네이처 소사이어티 186

쌍봉낙타 54

아

아르헨티나 138, 140
아무르호랑이 35
아시아 리와일딩 포럼 186
아프리카돼지열병 18
앨더브라코끼리거북 60, 132
야생마 81, 166
야생 방목 고기 57
야생 보호법 31
야생 신탁 187
야생의 재시작 185
야생 지역 33
『야생 쪽으로』 58, 120, 124~125
야생토끼 158
야자수 60
에코 파시즘 194
엑스무어조랑말 122
엘크 48, 52, 87~99, 101~105
여우 100, 118, 159
염소 60
영국 56~57, 67, 81, 120~121, 123~125, 134
영양 단계 77
영양적 리와일딩 77
영양 폭포 94~95, 97, 102, 105
예도마 52
예측 불가능성 71~72
옐로스톤 국립 공원 48, 77, 87~89, 91, 95, 98, 102~104, 111, 120, 133
오록스 114~115
오리 99, 183
OVP(우스터바더스플라산) 50, 111~120, 122, 126

오소리 100, 187
와이즈먼, 앨런 193
「와일드 라이프」 143
《와일드 어스》 46
와일드 유럽 필드 프로그램 51
와일드랜드 네트워크 46
와일드랜드 프로젝트 46
외래종 54, 74
우스터바더스플라산(OVP) 50, 111~120, 122, 126
우연적 리와일딩 181
우크라이나 51
울버린 101, 204
윌슨, 에드워드 200
유라시아스라소니 160
유럽 47~50, 59~60, 80~81, 112~114, 134, 157~158
유럽노루 158
유럽 리와일딩 네트워크 52
유럽황새 123
UN 생물 다양성 협약 203
유전자 28, 73, 141, 182, 202
의도하지 않은 리와일딩 181
이베라 공원 138~142
이베라 리와일딩 프로그램 138~141
이베리아늑대 159
이베리아스라소니 159
이야기와 동물과 시 185
이야기와 야생과 시 186
이주 리와일딩 78
이탈리아 134
『인간 없는 세상』 193
인도네시아 186
인도네시아 오랑우탄 정보 센터 186
일본 73, 186

일본 늑대 협회 186
잉글리시롱혼소 122

자
자기 조직화 29
자연 개발 49
자연적 과정 201
자연적 교란 효과 203
자연적 풀 뜯는 체제 122
자유 진화 207
자유롭게 돌아다니는 동물들! 123
자율성 28~29
재규어 138, 141~142
재도입 92, 96~99, 102, 105, 177
재두루미 183
재식림 69
재야생화 18, 24
저어새 117
제넷 159
제비 17
족제비 100
종의 도입 75
종의 재도입 75
종자 분산 60
중국 35, 73
중형 포식자 해방 가설 100
쥐 60
「쥬라기 공원」 53
「지구 리와일딩을 위한 글로벌 헌장」 61
지리산 국립 공원 52
지리산 반달가슴곰 복원 사업 177
지모프, 세르게이 52~53
GCV(그레이터 코아 밸리) 156~158, 160~161, 167
진화 28, 36, 55, 60, 68, 73, 126, 131, 164, 199, 202

차
참나무 121
참을 수 있는(없는) 존재의 야생성 186
천이 50, 78, 91, 112~113, 122, 164, 189
청설모 85
초식 동물 34~35, 50~57, 75~77, 89, 95, 110~111, 114~118, 120, 1122~126, 129~130, 157, 160, 164~165, 168
치타 54
침입종 60

카
카리브 해 61
카피바라 142
칼릭스, 마르타 161
캐나다 88
컨저베이션 랜드 트러스트 139
코끼리 54, 110
코끼리거북 60, 130~133
코닉 포니 115
코로나19 30, 142
코르크참나무 162~163
코뿔소 110
코아 계곡 158~159, 168
코아 밸리 프로젝트 156
코요테 91, 100~101
콜로설 바이오사이언스 53
쿡슨, 로런스 37
크낙새 17
크로아티아 51
큰개미핥기 138
큰구슬우렁이 183
클레먼츠, 프레더릭 113

클로버, 찰스 176

타
타르판 114
타피르 138, 142
탈가축화 50, 116, 165
탈멸종 53
탬워스돼지 122
토끼 100, 169
토착종 60
톰킨스, 더그 139
톰킨스, 크리스 139, 143
통로 47
툰베리, 그레타 59
트리, 이저벨라 57~58, 120, 124

파
파타고니아 139, 143
팜파스사슴 138
펫워스공원 121
포르투갈 134, 156~160, 162, 165~167
포르투갈아이벡스 158
포먼, 데이브 46~47
포식자 17, 34~35, 47, 54, 56, 70, 76~79, 86, 93, 95, 105, 109, 129~130, 166, 177, 182, 205
폴란드 51
표범 17, 76
퓨마 101, 103
프라타, 페드로 161, 163, 167~168
피도 56, 69, 97

하
하늘소 17
하향 조절 89~90, 94

한국수달 144
한국의 리와일딩 176
한국호랑이 35
해오라기 117
핵심종 130, 138, 143~144
핵심지 47
헤크소 115
헤크, 루트비히 115
헤크, 하인츠 115
현생 인류 56
호랑이 17, 76
홍머리오리 117
홍적세 52~55
「홍적세 공원: 매머드 생태계의 부활」 53
홍적세 리와일딩 53~54, 77, 201
환경 대응 지수 176
환경부 17, 73, 179
활생 18, 59
『활생』 58, 120, 185
회색곰 103
회색기러기 112, 114, 116
효모 27
흑곰 103
흑단나무 60, 131
흰뺨기러기 117

리와일딩 선언

1판 1쇄 찍음 2025년 9월 12일
1판 1쇄 펴냄 2025년 9월 19일

지은이 김산하
펴낸이 박상준
펴낸곳 (주)사이언스북스

출판등록 1997.3.24(제 16-1444호)
(06027) 서울시 강남구 도산대로 1길 62
대표전화 515-2000, 팩시밀리 515-2007
편집부 517-4263, 팩시밀리 514-2329
www.sciencebooks.co.kr

ⓒ 김산하, 2025. Printed in Seoul, Korea.

ISBN 979-11-94087-31-1 03470

* 이 책은 친환경 용지로 제작되었습니다.